Auto
Reparaturen

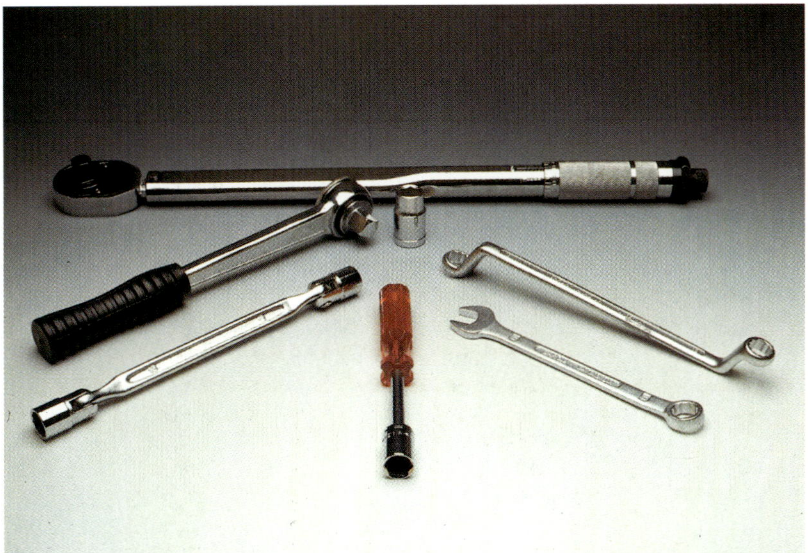

JAHRE
Banner

Karl Felden

Typenunabhängige Auto Reparaturen

Wartung · Karosseriearbeiten Einbau von Zubehör

FALKEN

Inhalt

Pflege

Richtige Pflege ist ein wesentlicher Schritt zur Werterhaltung und sichert die Freude am Fahren. Denn gleich ob Lack, Türschloß oder Autoradio: Wer sein Auto in Form hält, hat auch nach Jahren noch soviel Spaß an ihm wie am ersten Tag. Und bei sachgerechter Pflege muß die Umwelt nicht leiden.

Waschen

Abb. 1

Abb. 2

Abb. 3

Autowäsche – gibt es denn da etwas zu beachten? Und ob, denn falscher Umgang mit den Pflegemitteln kann die Umwelt schwer belasten und mehr schaden als nützen. Allein die Tatsache, daß viele Städte ihren Bürgern verbieten, den Wagen auf der Straße zu waschen, zeigt, wie gefährlich das Waschen für die Umwelt sein kann. Und das auch, wenn man den Wagen nur mit Wasser reinigt und keine Reinigungszusätze verwendet. Denn bei einer gründlichen Wäsche fließen nicht nur ein paar harmlose Staubpartikel mit in den Straßengulli, sondern auch Öl-, Schmier- oder Teerrückstände. Und die sind reines Gift für das Wasser.
Deshalb gilt grundsätzlich: Waschen Sie Ihr Fahrzeug nur an ausgewiesenen Waschplätzen von Tankstellen oder Waschanlagen. Denn dort muß das Schmutzwasser erst einmal durch eine Filteranlage, bevor es in die Abwasserkanäle fließt. Noch umweltfreundlicher freilich sind Anlagen, die mit dem blauen Umweltschutzengel für sich werben können. Bei ihnen wird das Wasser gar nicht erst in die Kanäle geleitet, sondern in einem geschlossenen Kreislauf gefiltert. Es steht dann aufgearbeitet für die nächste Wäsche zur Verfügung.
Generell gilt so: Wagen nur auf ausgewiesenen Plätzen reinigen.
Bei der Handwäsche besteht die Gefahr, daß der Lack erheblich leidet, Schrammen und Furchen bekommt. Wird nämlich zuwenig Wasser verwendet, wirkt selbst ein weicher Schwamm durch die Schmutzpartikel, vor allem durch Sand, wie Schmirgelpapier. Für einen Kleinwagen sind selbst drei bis vier Eimer Wasser zuwenig. Wer schon sein Fahrzeug ohne moderne Technik reinigen möchte, sollte zumindest bei fließendem Wasser arbeiten, am besten mit Schlauch und Bürstenaufsatz.
Und so geht man dabei professionell vor:

- Zunächst das Auto mit Wasser abspülen, um lose Schmutzpartikel und Sandkörner zu entfernen
- Autowaschmittel nach Herstellerangabe (zumeist eine Verschlußkappe) in

einem Eimer dem Wasser beimengen, einen zweiten Eimer Wasser parat stellen

- Auto sehr naß abwaschen
- Schwamm immer wieder im zweiten Eimer eintauchen, um Schmutz herauszuspülen
- zuletzt mit klarem Wasser nachspülen.

Untersuchungen haben gezeigt, daß das Vorurteil, eine Waschanlage gehe nicht gerade sanft mit dem Lack um, nicht stimmt. Die rollenden Bürsten reinigen auf keinen Fall schlechter als ein guter Handarbeiter – vorausgesetzt, die Kunststoffbürsten sind in einwandfreiem Zustand. Ein wesentliches Indiz dafür: ihre Farben. Leuchten sie nicht mehr, sondern zeigen sie sich matt und stumpf, fahren Sie besser die nächste Anlage an.
Am besten reinigen Dampfstrahlanlagen **(1)**, die trotz ihrer hohen Effizienz nur relativ wenig Wasser verbrauchen. Bei einer optimalen Wäsche wird zunächst mit einer Bürste ein Lösungsmittel aufgetragen und dann mit klarem Wasser nachgespült. Fahrzeuge haben alle 4 bis 6 Wochen eine Normalwäsche verdient – allerdings muß nicht jedesmal vorweg der Reinigungszusatz aufgebracht werden. Bei nur leicht verschmutzten Fahrzeugen reicht es in der Regel völlig aus, lediglich die Felgen mit einer Bürste gründlich vorzureinigen **(2)**.
Aber nicht nur außen, sondern auch im Motorraum sammeln sich Schmutz und Dreck, die den Autoteilen zusetzen. Deshalb sollte auch er regelmäßig gereinigt werden, vor allem im Frühjahr, um Salzrückstände zu entfernen. Dabei reicht es nicht aus, den Motor von oben mit einem Dampfstrahlgerät abzuwaschen – auch von unten sollte das Fahrzeug saubergespült werden. Um den Kühlergrill zu reinigen, wird dieser von innen nach außen nur mit Wasser durchspült **(3)**. Der richtige Abstand von der Wasserdüse zum Motor beträgt gut zwanzig Zentimeter. Wird zu dicht an den Motor herangegangen, können durch den Druck Schläuche und Kabel gelöst werden. Es entsteht zwar in der Regel kein eigentlicher Schaden, allerdings kann die Fehlersuche bei einem anschließend nicht mehr anspringenden Fahrzeug viel Nerven kosten. Also: Strahl nicht auf elektrische Teile richten und auch Lager- und Schmierstellen aussparen.
Nach der Wäsche besonders wichtig: einige Runden mit dem Fahrzeug drehen, damit durch den Fahrtwind und die Motorwärme auch die letzten Wassertropfen aus versteckten Winkeln weichen und nichts rosten kann.
Nach jeder Wäsche gilt es, das Fahrzeug noch einmal einer genauen Sichtkontrolle zu unterziehen. Denn nicht überall reichen Waschmittel und Wasser hin oder aus, die Verschmutzung zu lösen. So sind in der Regel Türholme und -schweller gesondert zu reinigen. Und besonders starke Verschmutzungen, wie beispielsweise Teerflecke, müssen mit Spezialreinigern behandelt werden.

Konservierung

Der Lack ist die empfindliche Haut Ihres Fahrzeugs. Sie wird durch mechanische, thermische und chemische Einflüsse immer wieder angegriffen. Waschen allein schützt noch nicht, es mindert nur die mechanischen und chemischen Einflüsse. Um zu verhindern, daß Staub und Dreck, Wasser und Sonne den Lack direkt angreifen können, muß eine Schutzschicht ihn umhüllen. Optimal dafür eignet sich Wachs, das auf der einen Seite so flexibel ist, daß es auch auf kleinste Poren aufgebracht werden kann, auf der anderen Seite aber hart genug ist, länger zu halten und zu schützen. Je nach Art und Zustand des Lacks empfehlen sich unterschiedliche Wachsschutzmittel, die zudem den Vorzug mit sich bringen, daß das Fahrzeug wieder richtig glänzt. Man unterscheidet im wesentlichen zwei Arten: Waschkonservierer und Hartwachs.

Waschkonservierer

Waschkonservierer werden normalem Wasser beigemengt und einfach auf das Fahrzeug aufgespritzt – sei es mit einem Schwamm oder mit einem Dampfstrahlgerät. Es empfiehlt sich, den Waschkonservierer nach dem letzten Reinigen mit Waschwasser aufzutragen. Durch seine flüssige Form gelangt er auch an die unzugänglichsten Stellen wie Ritzen oder Fugen und sorgt

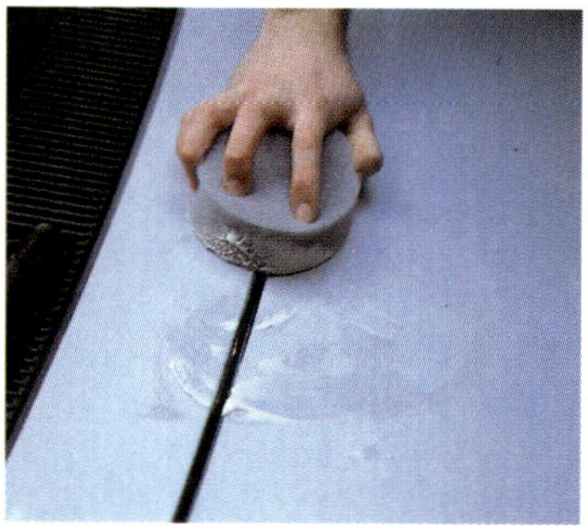

Abb. 4

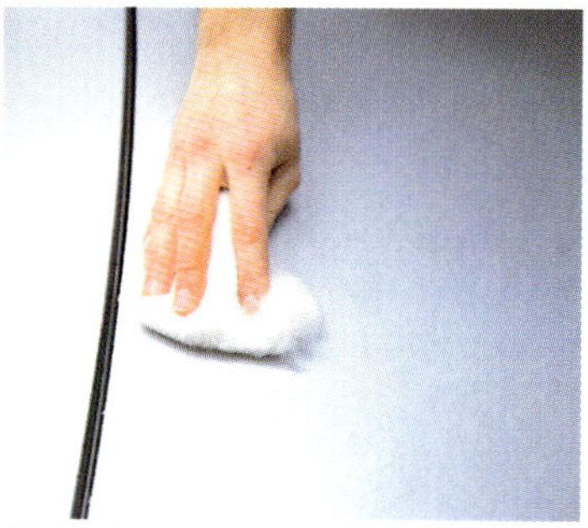

Abb. 5

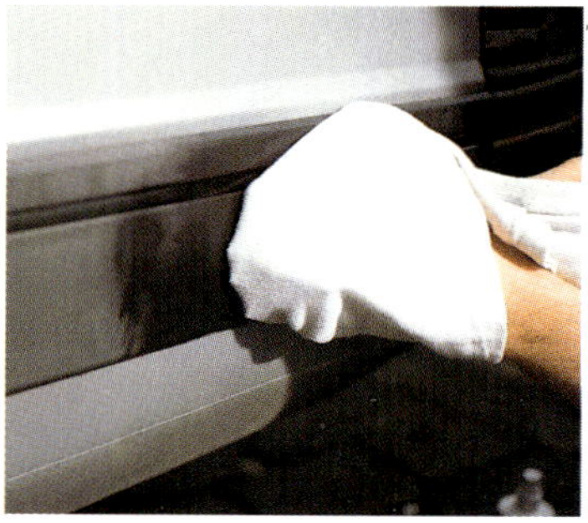

Abb. 6

selbst dort für entsprechenden Oberflächenschutz. Und Waschkonservierer besitzen den Vorteil, daß sie einfach und schnell aufzutragen sind: Großartiges Einreiben oder gar Polieren entfällt. Allerdings ist die Schutzschicht nur recht dünn. So empfiehlt sich die Waschkonservierung nur bei neuen oder ansonsten gut und oft gepflegten Lacken.
Nach der Wagenwäsche vermengt man den Waschkonservierer nach Angabe des Herstellers mit etwa fünf Litern Wasser (circa ein Eimer) und trägt ihn von oben nach unten auf. Anschließend ledert man das Fahrzeug trokken. Waschkonservierer sollten nicht bei praller Sonne oder bei heißem Lack aufgetragen werden.
Da die Schutzschicht so dünn ist, daß sie schon bei einer gründlichen Wagenwäsche mit abgespült werden kann, empfiehlt sich die Waschkonservierung nach jeder Wagenwäsche. Da dafür nicht jedesmal genügend Zeit bleibt, bieten die Hersteller auch kombinierte Reinigungs- und Waschkonservierungsmittel an, bei denen schon beim Waschen die Schutzschicht mit aufgetragen wird. Allerdings ist dies grundsätzlich nur bei gering verschmutzten Fahrzeugen zu empfehlen.

Hartwachs

Während die Waschkonservierung den Autolack nur für ein paar Wochen schützt, überziehen Hartwachse die Fahrzeughaut mit einer dauerhafteren, oft Monate beständigen Schutzschicht. Diese wird selbst bei intensivem Waschen oder bei starken anderen Einflüssen nicht so schnell schadhaft. Man unterscheidet auch hier zwei Arten: den sogenannten Autopudding und den Langzeitschutz. Der Pudding läßt sich leichter auftragen, hält aber nicht ganz so lange vor wie der Langzeitschutz.
Beide Arten gibt es in unterschiedlichen Ausführungen, so für neuwertige Lacke, für leicht angegriffene Lacke, für stark verwitterte und matte Lacke sowie für Metallic-Lacke. Damit der Hartwachs aufgetragen werden kann, ist er mit Lösungsmitteln vermengt, die mit der Zeit verdunsten. Wird das Fahrzeug bei praller Sonne oder bei durch starke Sonneneinstrahlung aufgeheiztem Lack gewachst, verdunsten die Lösungsmittel sehr rasch. Die Folge: Es bilden sich statt der erhofften sauber glänzenden Oberfläche häßliche Streifen. Deshalb das Auto nicht bei Hitze wachsen.
Wie bei den Waschkonservierern wird das Fahrzeug zunächst gründlich gesäubert, und bedondere Verunreinigungen wie Teer- oder Insektenflecke werden mit einem entsprechenden Mittel entfernt. Beim Autopudding wird der Wachs mittels des mitgelieferten Schwamms aufgetragen **(4)** und, wenn er angetrocknet ist, entweder mit einem fusselfreien Tuch oder – noch besser – mit Watte **(5)** poliert. Langzeitschutzmittel werden nicht mit einem Schwamm, sondern immer mit einem Lappen aufgetragen.
Wichtig: Metallic-Lacke dürfen nur mit speziell für sie konzipierten Mitteln gewachst werden, da sie anders als normale Lacke zusammengesetzt sind. Die Vorgehensweise ist allerdings die gleiche wie bei anderen Hartwachsmitteln.

Weitere Außenpflege

Nicht alle Außenteile des Fahrzeuges bestehen aus mit Lack überzogenem Blech. Moderne Autos werden heute zu einem nicht geringen Teil aus Kunststoffen hergestellt, beispielsweise Stoßstangen und ihre Abdekkungen. Auch diese greifen der Straßenalltag und die Witterung an – sie werden mit der Zeit unansehnlich. Ihre Farben bringen Kunststoffreiniger, die aufgesprüht und dann mit einem Tuch verrieben werden, wieder zum Glänzen **(6)**.

Zierleisten oder auch Stoßstangen aus Chrom werden mit einer speziellen Paste gepflegt, die gleichermaßen reinigt und schützt. Die Paste wird mit einem fusselfreien Tuch aufgerieben und anschließend poliert **(7)**. Selbst Flugrost kann auf diese Art und Weise beseitigt werden. Nach einer Reinigung der Türgriffe mit den entsprechenden Pflegemitteln sollte man nicht versäumen, ihr Innenleben gängig zu halten. Der richtige Weg: einen Schuß Graphit in das Schlüsselloch pusten oder Spezialöl verwenden **(8)**.

SICHERHEITSHINWEIS

Lackpflegemittel unbedingt vor Kinderhänden sicher aufbewahren.

Unterbodenschutz

Auf seiner Unterseite ist das Fahrzeug massiver gegen Korrosion geschützt – das Blech wird serienmäßig mit Unterbodenschutz überdeckt. Dieser wird entweder auf PVC-Basis oder Bitumen-Basis hergestellt und verhindert nicht nur, daß Feuchtigkeit und Nässe direkt zum Lack durchdringen können, sondern schützt ihn auch vor mechanischen Einflüssen, beispielsweise vor leichtem Steinschlag. Auf der anderen Seite greifen diese mechanischen Einflüsse den Unterbodenschutz immer wieder an, durchziehen ihn mit Rissen oder beschädigen ihn richtiggehend, vor allem im Spritzbereich der Räder. Deshalb muß der Unterbodenschutz regelmäßig einer Sichtkontrolle unterzogen und eventuell neu aufgetragen werden. Dies kann auf trockenem und gereinigtem Boden entweder durch Aufstreichen **(9)** oder durch Aufspritzen **(10)** geschehen. Der Unterbodenschutz zum Streichen ist sehr dickflüssig, es wird eine äußerst dichte, beständige Schicht aufgetragen. Dies empfiehlt sich vor allem an besonders gefährdeten Stellen wie den Radkästen. Aufspritzen hingegen geht schneller und deckt leicht größere Flächen wie den Boden ab. Optimal nimmt man diese Arbeit an der Hebebühne einer Tankstelle vor, an der auch ein Kompressor sowie das zum Aufspritzen notwendige Zubehör zur Verfügung steht.

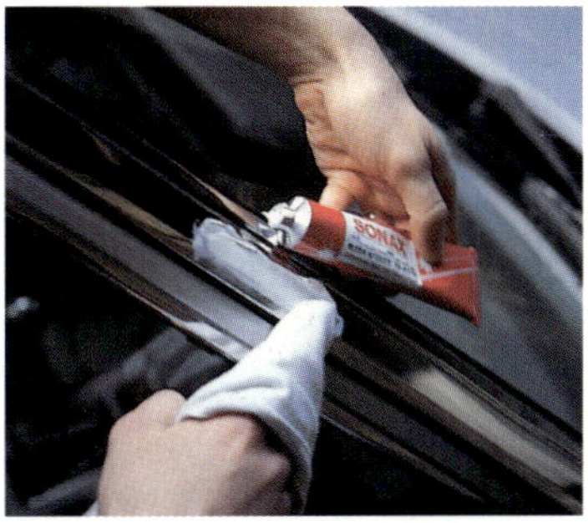

Abb. 7

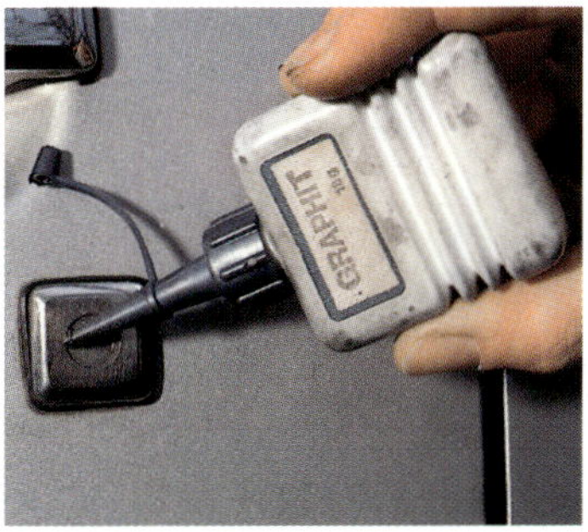

Abb. 8

Abb. 9

Abb. 10

Hohlraum-versiegelung

Herstellergarantien gegen Durchrostung sind von einer regelmäßigen Kontrolle des Unterbodenschutzes und der Hohlraumversiegelung im Rahmen von Inspektionen abhängig. Denn moderne Fahrzeuge durchrosten nicht von außen, sondern von innen, beispielsweise in Holmen oder Türschwellen. Hohlraumversiegelung ist ein spezieller Wachs, der eine besonders hohe Kriechfähigkeit besitzt. Schon die Sichtkontrolle muß mit speziellen Sonden durchgeführt werden. Und die alle zwei Jahre zu empfehlende Nachbehandlung erfolgt ebenfalls über spezielle Düsen und mit sehr hohem Druck. Deshalb kann sie nicht im Do-it-yourself-Verfahren vorgenommen, sondern muß von einer Fachwerkstatt ausgeführt werden.

Innenreinigung

Wie das Waschen des Fahrzeuges von außen stellt das Staubsaugen und -wischen im Innenraum nur einen Grundschritt zur Pflege dar. Denn das Reinigen hartnäckiger Verschmierungen, Flecken oder schwer zugänglicher Stellen wie Ritzen ist dabei nicht möglich. Wer sein Fahrzeug von innen so reinigen möchte, daß der Fahrzeugraum wie am ersten Tag glänzt, sollte zunächst die Sitze, wenn möglich auch die Rückbank ausbauen. Denn nur so werden

Abb. 11

Abb. 12

Abb. 13

Abb. 14

auch versteckte Stellen zugänglich. Der Ausbau der Sitze ist zumeist nicht kompliziert. Sie werden auf Schienen geführt und sind in irgendeiner Form verschraubt. Je nach Fahrzeugtyp wird entweder der Sitz mit Schienen ausgebaut oder von den Schienen gelöst.
Zunächst schaut man auf der Vorderseite des Sitzes nach, ob seine Führung mit einer Arretierschraube auf den Schienen gehalten wird. Dazu fährt man den Sitz ganz zurück und kontrolliert, ob ihn eine Schraube gegen das Herausrutschen aus den Schienen sichert. Ist dies der Fall, löst man die Schraube, fährt den Sitz nach hinten aus der Verankerung, klappt dann die Rückenlehne nach vorn und nimmt ihn heraus.

Dabei gilt es auf eventuell vorhandene Plastikschuhe zu achten, die den Sitz führen und beim Wiedereinbau vor der Montage aufgesteckt werden müssen.
Noch einfacher geht's, wenn der Sitz komplett mit Schienen ausgebaut wird. In der Regel sind die Schienen an jedem Ende mit einer Schraube am Bodenblech montiert. So fährt man zunächst den Sitz ganz nach hinten, winkelt mit einem Schraubenzieher eventuell vorhandene Plastik-Sichtblenden ab und dreht dann die Halterungsschrauben heraus **(11)**. Anschließend wird der Sitz nach vorn gefahren, und die hinteren Schrauben werden gelöst. Jetzt kann die Rükkenlehne nach vorn geklappt und der Sitz herausgenommen werden **(12)**. Die Rück-

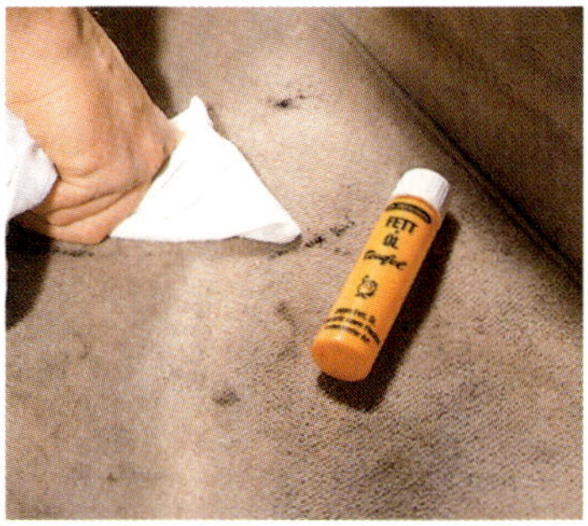

Abb. 15

Abb. 16

Abb. 17

bänke hingegen sind nicht einheitlich montiert. Ob sie leicht und wie sie herausgenommen werden können – darüber geben oft die Bedienungsanleitungen Aufschluß. Sollten sie nicht vorhanden sein, kann man in den Fachwerkstätten um Auskunft bitten.

Die Innenräume eines Fahrzeuges sind mit ähnlichen Materialien ausstaffiert, wie sie auch im Haushalt anzutreffen sind. Deshalb muß man nicht auf zumeist überteuerte Spezialreinigungsmittel für Fahrzeuge zurückgreifen, sondern kann genausogut normale Haushalts-Pflegemittel verwenden. Zum Beispiel eignen sich Polsterreiniger für Couchgarnitouren hervorragend zum Reinigen der Sitze. Nach dem Ausbürsten werden sie in der Regel aufgeschäumt **(13)** und nach kurzer Einwirkungszeit abgesaugt. Bei kräftigen Reinigern empfiehlt es sich allerdings, die Sitzpolster zunächst an einer unauffälligen Stelle auf Farbechtheit zu überprüfen. Dies ist auf dem Bodenteppich nicht erforderlich. Nach gründlichem Absaugen kommt hier normaler Teppichbodenschaum zum Einsatz. Um fasertiefe Reinigung sicherzustellen, sollte der Schaum nach dem Aufsprühen unbedingt mit einer Bürste oder einem festen Schwamm gründlich einmassiert werden **(14)**.

Sollten nach der Behandlung immer noch Flecke den Anblick stören, kommen je nach Verschmutzungsart spezielle Reiniger zum Einsatz, zum Beispiel die Fleckenteufel gegen Öl-, Blut- oder Obstflecke **(15)**.

Die Gummimatten reinigen Sie am besten, indem Sie sie zunächst in einer Seifenlösung einweichen (Badewanne, Wasser, Kernseife), dann mit einer Bürste gründlich reinigen und schließlich unter fließendem Wasser abspülen. Vor dem Wiedereinlegen in das Fahrzeug sollten die Matten völlig ausgetrocknet sein. Im Handel wird auch spezielle, schwarze Farbe für die Gummimatten angeboten – ein im wahrsten Sinne des Wortes überflüssiges Mittel.

Die weitere Innenreinigung ist ebenfalls materialabhängig: Die meisten Teile bestehen aus Kunststoff. Sie werden mit einer einfachen Seifenlösung gereinigt. Um Schmierstreifen beispielsweise bei der Reinigung des Himmels **(16)** zu vermeiden, wird nach der eigentlichen Reinigung mit klarem Wasser nachgespült und das Ganze schließlich mit einem Leder trockengeputzt. Richtig tollen Glanz bekommt man damit allerdings nicht hin.

Wessen Auto von innen möglichst wie neu aussehen soll, der verwendet am besten ein treibmittelfreies Cockpitspray **(17)**.

Glasreinigung

Ein Kapitel für sich ist die Reinigung der Glasteile. Verschmierten Scheiben rückt man am besten mit einem normalen Haushalts-Glasreiniger zu Leibe, der nicht mit einem Leder, sondern mit einem Geschirrtuch abgewischt wird. Stärkere Verschmutzungen, wie beispielsweise Insektenschmier, weicht man entweder länger mit Seifenlauge ein, oder aber man löst sie mit besonders harten Schwämmen. Aber Vorsicht bei den Heckscheiben: die dünnen Lamellen der Heckscheibenheizung sind empfindlich. Durch zu starkes

Reiben mit einem harten Schwamm können sie reißen. Hier also nur mit einem Tuch zu Werke gehen. Aufkleber auf Scheiben (und auch auf Lack) lassen sich leicht lösen, wenn sie zuvor mit Terpentin, Verdünnung oder einem entsprechenden Ersatz getränkt werden. Diese Mittel lösen den Klebstoff auf. Besonders festklebende Bildchen oder Plaketten müssen eventuell mehrmals getränkt werden. Zum Lösen nutzt man dann die unscharfe Seite einer Messerklinge. Abkratzen hingegen ist nicht zu empfehlen, da dabei die Scheibe schnell in Mitleidenschaft gezogen wird. Armaturengläser reinigt man zunächst mit einem feuchten Tuch und etwas Seifenlösung vor. Nach der Behandlung bleiben dann allerdings Schmierstreifen zurück. Diese beseitigen Sie problemlos mit feuchten Brillenputztüchern. Nach gründlicher Vorreinigung reicht ein solches Putztuch für den gesamten Innenraum einschließlich der Innenspiegel **(18)**.
Im Anschluß an jede Glasreinigung sollte gleichzeitig die Scheibenwaschanlage überprüft werden, vor allem der Wasserstand im Waschwasserbehälter. Statt teurer Wischwasserreinigungszusätze erfüllt auch normales Spülmittel den Zweck – nur ist es erheblich preiswerter.
Spritzt das Wasser nicht mehr mit voller Kraft auf die Scheibe, sind in der Regel die Düsen verstopft. Sie werden mit einer spitzen Nadel (Steck- oder Nähnadel) gereinigt und anschließend neu ausgerichtet. Dabei muß der Strahl im oberen Drittel der Scheibe auftreffen, da er während der Fahrt durch den Fahrtwind nach unten abgesenkt wird.

Abb. 18

UMWELTTIP

Fast alle Reinigungsmittel belasten das Wasser. Deshalb gilt bei der Autoreinigung wie im Haushalt: Wenn möglich, sanfte Reinigungsmittel wie beispielsweise Schmier- und Kernseife, Essig und Zitrone verwenden. Beim Kauf von Reinigern ist darauf zu achten, daß sie möglichst wenig umweltbelastende Stoffe wie beispielsweise Phosphate enthalten. Generell gilt auch für Innenreinigungen, bei denen Seifen- oder sonstige Lösungen verarbeitet werden: Die Reinigungsplätze von Waschanlagen benutzen, in denen das Wasser vor dem Abfließen zumindest gefiltert wird, wenn nicht gar in einem geschlossenen System aufbereitet wieder zur Verfügung steht. Sprays sollten selbstverständlich zum Schutz der Umwelt FCKW-frei sein. Besser aber ist es, Mittel zu verwenden, die mit einem Zerstäuber aufgebracht werden.

Autoantenne

Autoradios mit Kassettenteil und Auto-Hi-Fi-Anlagen benötigen besonders intensive Pflege, sollen sie auch noch nach Jahren genauso funktionstüchtig sein und einen klaren Klang vermitteln wie am ersten Tag.
Das beginnt schon bei der Antenne, vor allem bei Stab- und Motorantennen. Der erste Schritt zu langer Freude an der Antenne ist, sie regelmäßig ein- und auszufahren. Nur so bleibt sie von Anfang an gängig, eventuell auftretende mechanische Mängel werden frühzeitig erkannt, und Flugrost erhält keine Chance. Zur Reinigung putzt man die Antenne zunächst mit einem feuchten Tuch ab und wischt sie dann mit einem anderen trocken. Aber Vorsicht, die Antenne nicht verbiegen! Statt dessen kann der Empfangsstab auch mit einem speziellen Reinigungstuch gesäubert werden, das Fett enthält und beim Abputzen die einzelnen Segmente neu schmiert **(19)**. Am besten bringt man gelegentlich Autoantennenfett an den Nahtstellen der Teleskopsegmente auf.

Abb. 19

Wartung

Die richtige Wartung eines Fahrzeuges sichert nicht nur seine Funktionstüchtigkeit: Wartung bedeutet auch Werterhaltung. Wer beispielsweise seine Batterie ständig fit hält, hat garantiert länger Freude an ihr, und die Kosten für eine neue sind erst ein bis zwei Jahre später fällig. Viele Wartungsarbeiten sind darüber hinaus sehr leicht selbst vorzunehmen – und auch das spart natürlich Geld. Und schließlich: Wird der Motor regelmäßig durchgecheckt, Zündung und Luftzufuhr überprüft, senkt das auch den Spritverbrauch. Und das dankt nicht nur der Geldbeutel, sondern auch die Umwelt.

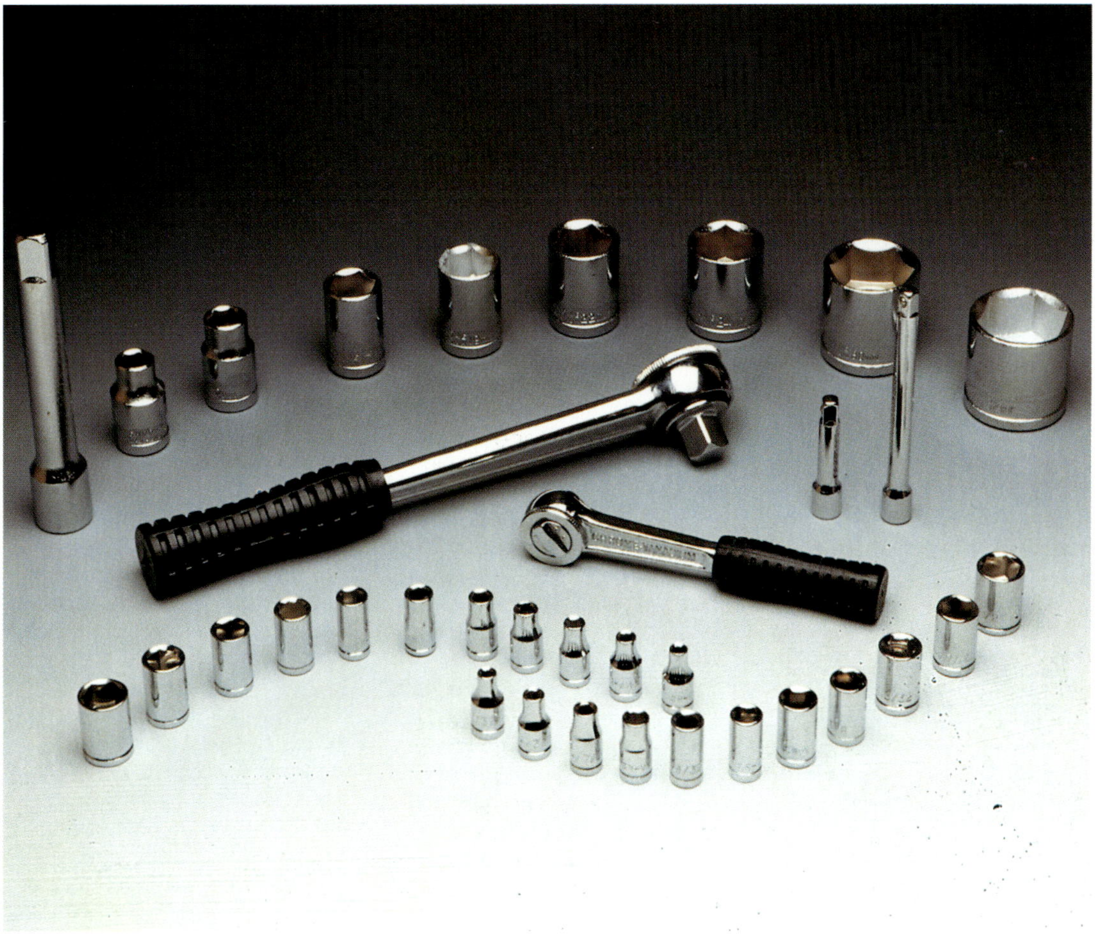

Werkzeug und Material

Es gibt Zeitgenossen, die behaupten, sie könnten alle Arbeiten am Auto mit einer Rohrzange und einem Schraubendreher vornehmen. Aber das gehört wohl eindeutig in den Bereich der Sprüche. Ein Körnchen Wahrheit allerdings steckt in der Behauptung: Denn fast alle Arbeiten am Auto sind mit Schrauben in irgendeiner Art verbunden. Wichtigste Werkzeuge sind so vor allem die Mittel zum Lösen von Muttern und Schrauben. Mit einem Satz verschieden großer Schraubendreher sowie einem kleinen und einem großen Kreuzschlitzschraubenzieher kommt man allerdings nicht aus. Sechskantschrauben und -muttern **(4)** halten an allen Ecken das Fahrzeug zusammen. Je nach Einbausituation lassen sie sich nur mit verschiedenen Schlüsseln lösen **(1)**: Neben den unverzichtbaren Maul- (f) und Ringschlüsseln (f/g) in den verschiedensten Ausführungen erleichtern Steckschlüssel (d) die Arbeit, optimal als Aufsteckschlüssel (b) für Dreher (e) und Ratsche (b). Mit dem automatischen Drehmomentschlüssel (a) lassen sich Schrauben und Muttern exakt auf eine vorgegebene Stärke anziehen.
Sinnvoll ist auf jeden Fall ein kompletter Steckschlüsselsatz **(2)**. Der Preis variiert je nach verwendetem Material. Wer wirklich unverwüstliches Werkzeug erstehen möchte, sollte darauf achten, daß alle (wichtig!) Teile aus Chromvanadium gefertigt sind.

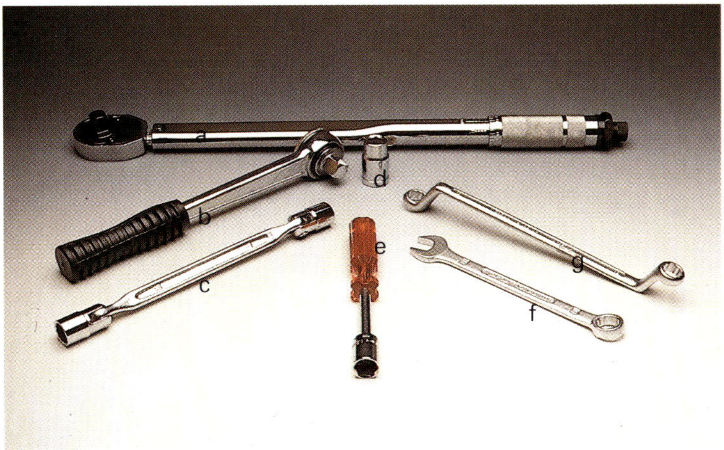

Abb. 1

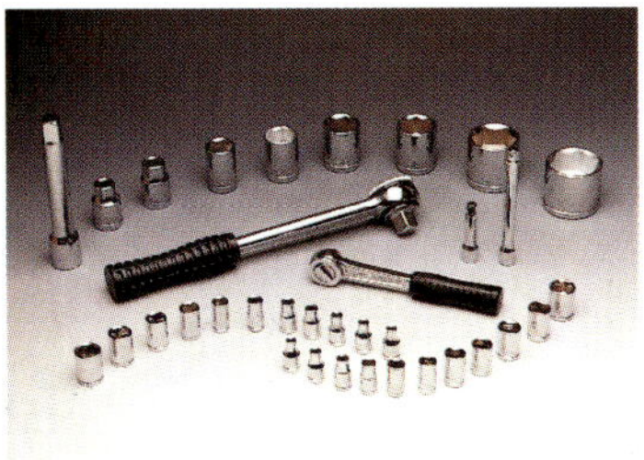
Abb. 2

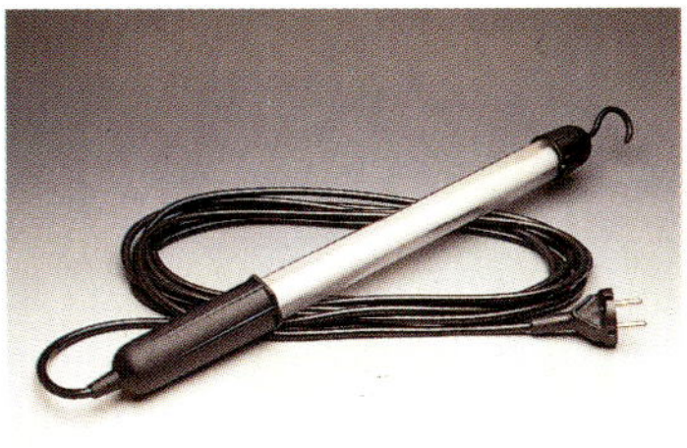
Abb. 3

Natürlich gehören auch die Standardwerkzeuge wie Hammer, Zange oder Bohrer zur notwendigen Ausrüstung. Je mehr unterschiedliche Ausführungen zur Verfügung stehen, um so besser. Für den Autobereich bietet der Handel eine Unzahl von Spezialwerkzeugen an: vom Zündkerzenschlüssel über spezielle Abzieher bis hin zum Wagenheber. Die Preise sind oft gepfeffert. Anschaffungen sind nur dann empfehlenswert, wenn die entsprechende Arbeit auch wirklich ansteht. Zur Grundausrüstung gehört aber in jedem Fall eine Handlampe **(3)**, denn ob Tätigkeiten unterm Auto, im Motorraum oder am Armaturenbrett – ohne gutes Licht läßt sich im Dunkeln schlecht werkeln. Und schließlich braucht man einen Stromprüfer, damit man beim Ausfall von Lampen oder Strom die Fehlerquelle eindeutig bestimmen kann.
Nicht minder wichtig als das Werkzeug ist ein kleines Grundsortiment an Materialien, vor allem an Muttern, Schrauben und Unterlegscheiben. Der Fachmann macht hierbei feine Unterschiede: Für beinahe jede Befestigung gibt es fast nur eine Schrauben- und/oder Mutternart. Generell gilt: Es muß die gleiche Befestigung eingedreht werden, die auch

ausgedreht wurde. Und: Es gehört immer auch die entsprechende Unterlegscheibe dazu. Das ist vor allem bei Fahrzeugteilen zu beachten, die im direkten Zusammenhang mit der Verkehrssicherheit stehen. Bei den Muttern gibt es spezielle selbstsichernde Muttern, die sich nicht von allein von dem Bolzen oder der Schraube lösen können. Sie unterscheiden sich von normalen Muttern durch den ringförmigen Aufsatz **(4)**. Wichtig: Hat man einmal eine selbstsichernde Mutter gelöst, ist sie nur noch als normale Mutter verwendbar. Es muß unbedingt eine gleichgroße neue eingesetzt werden. Bei den Unterlegscheiben haben Federringe im Vergleich zu den normalen Scheiben eine ähnliche Wirkung. Die halbgeöffneten, gebogenen Federringe verspannen sich im Gegensatz zu den normalen Unterlegscheiben beim Aufdrehen und machen ein selbständiges Lösen fast unmöglich **(5)**. Die dritte Sicherungsart für Muttern stellen die Splinte **(6)** dar. Sie werden vor allem bei großen Muttern wie der Radmutter eingesetzt. Auch hier gilt: Splinte prinzipiell nach einem Ausbau erneuern.
Noch einige Tips zum Thema Schrauben: Mit einer Ratsche entwickelt man nicht soviel Gefühl beim Festdrehen wie mit einem normalen Schlüssel. Deshalb gilt es, beim Festdrehen an sensiblen Stellen – beispielsweise Zündkerzen – vorsichtig zu Werke zu gehen. Ein Tropfen Öl auf das Gewinde erleichtert die Arbeit.

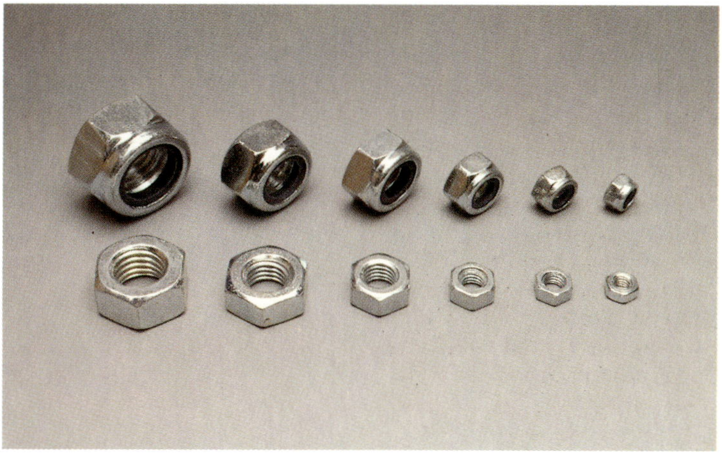

Abb. 4

Abb. 5

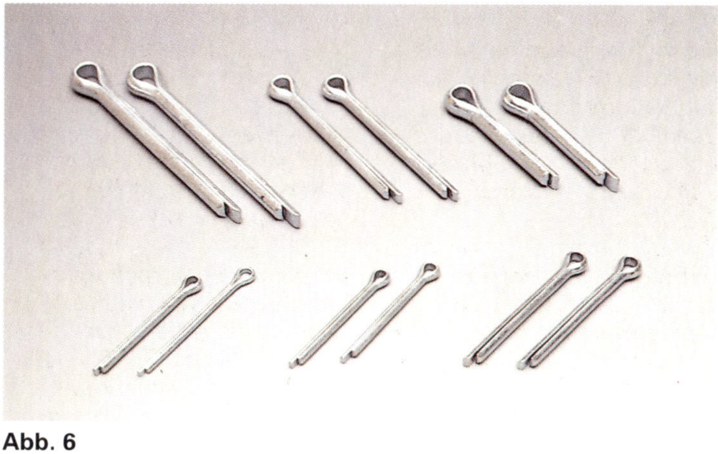

Abb. 6

Scheibenwischer

Ziehen bei Regen die Scheibenwischer Schlieren und nimmt die Sicht ab, dann heißt es bald: Neue Wischerblätter müssen her. Aber das muß nicht in jedem Fall sein. Denn oft sind die Wischer gar nicht beschädigt, sondern nur sie oder die Scheibe sind stark verschmutzt. Am besten streicht man mit dem Finger über die Gummikante **(1)**. Fühlt man dabei Unebenheiten oder poröse Stellen, müssen die Wischerblätter ausgetauscht werden. Andernfalls aber reinigt man die Wischerblätter mit einem dicken Schwamm, den man zuvor in eine Seifenlösung taucht.
Verschmiert die Scheibe beim Wischen, ist eine Siliconschicht auf dem Fenster die Ursache: Dann Scheibe mit Fensterreiniger oder speziellem Siliconentferner säubern. Zur guten Sicht gehört schließlich ein stets gefüllter Wischwasserbehälter. Statt der recht teuren Autoreinigungszusätze tut es übrigens auch einfaches Spülmittel. Die Spritzdüsen werden bei Verstopfungen mit einer Nadel gereinigt.

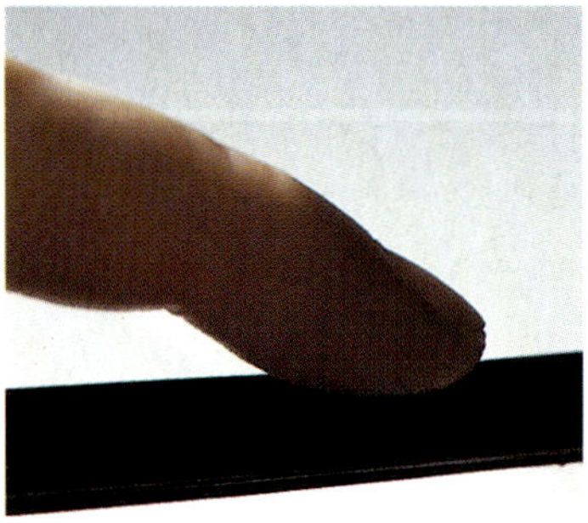

Abb. 1

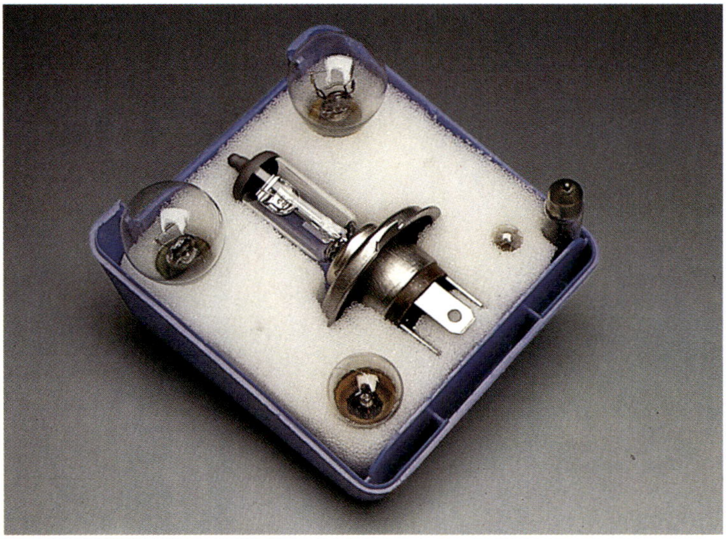

Abb. 2

Glühlampen

Der Ausfall einer Leuchte am Auto – auch während der Fahrt – stellt in der Regel kein Problem dar, vor allem wenn man einen passenden Birnensatz **(2)** mit sich führt. Es gibt verschiedene Ausführungen; es gilt beim Kauf darauf zu achten, ob man Halogen-Scheinwerfer besitzt oder nicht. Vor allem den Ausfall eines Abblend- oder Rücklichtes sowie eines Blinkers sollte man aus Gründen der Verkehrssicherheit sofort beheben können. Bei den Frontscheinwerfern entfernen Sie die Schutzkappe oder das Schutzgummi auf der Rückseite des Scheinwerfers **(3)**. Diese sind bei fast allen Modellen nur aufgesteckt. Die Birne wird zumeist durch eine Klemmsicherung gehalten **(4)**, deren Mechanismus unterschiedlich ausfällt. Nun kann die Birne samt Stecker herausgezogen und gewechselt werden **(5)**. Bei Halogenlichtern sollte man nach Möglichkeit nicht das Birnenglas berühren. Läßt sich dies beim Aufsetzen auf den Stecker nicht vermeiden, so empfiehlt es sich, nach dem Wechsel das Glas mit einem Tuch fettfrei zu reiben. Die Birne paßt nur in einer besonderen Position wieder in ihre Halterung **(6)**. Drehen Sie sie beim Einsetzen vorsichtig hin und her, bis sie endgültig einrastet. Sicherungsklammer und Schutz wieder montieren – fertig. Rücklichter sind zumeist auf einer Platine montiert **(7)**, bei manchen Fahrzeugen allerdings sind die Birnen auch einzeln angebracht **(8)**. Die Verkleidung muß meistens abgedreht werden, bevor die Birnen gewechselt werden können. Fallen alle Lichter hinten auf einer oder beiden Seiten aus, bekommen die Birnen keine Masse. Das Massekabel fest anziehen **(9)**.

Abb. 3

Abb. 4

Abb. 5

Abb. 6

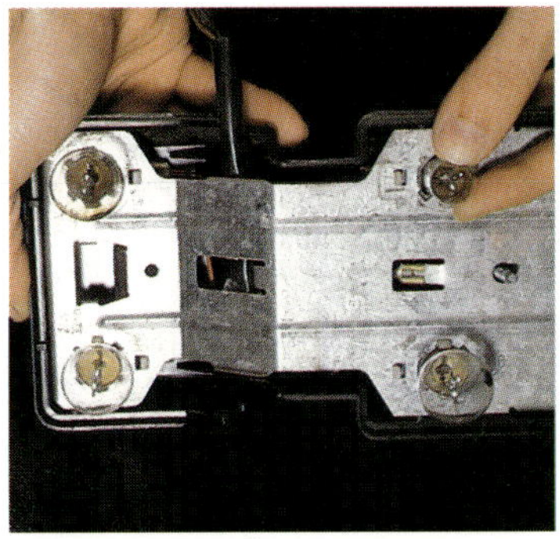

Abb. 7

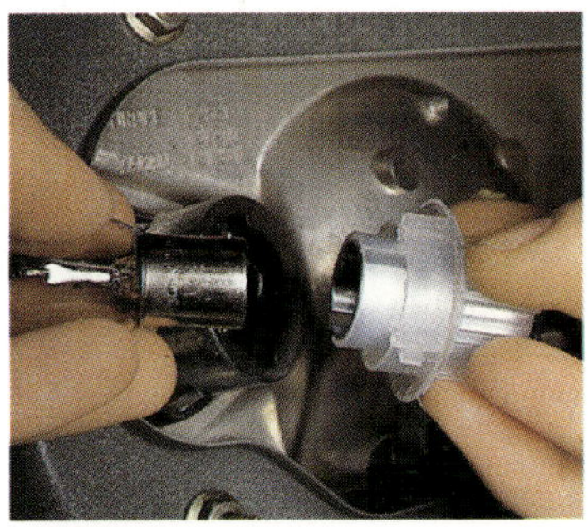

Abb. 8

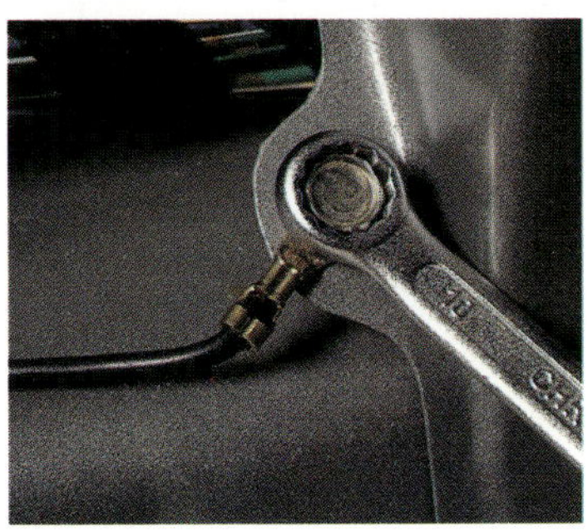

Abb. 9

Sicherungen

Ob der Ausfall von Lichtern, der Heckscheibenheizung oder des Radios – der erste Blick bei Stromproblemen sollte immer den Sicherungen gelten. Ein kompletter Satz neuer Sicherungen gehört zum Standard jedes Bordwerkzeuges. Bei neueren Fahrzeugen haben die leichter zu handhabenden Stecksicherungen die alten runden Sicherungen abgelöst **(10)**. Sicherungen sind keine Spielerei der Autohersteller: Sie vermeiden vor allem Kabelbrand oder den Totalausfall des Stromnetzes. So leicht man sie auch mit einem Stück Kabel oder ähnlichem überbrücken kann, von solchen Improvisationen muß genau so dringend abgeraten werden wie vom Einsatz stärkerer Sicherungen. Es muß eine Sicherung in exakt der gleichen Farbe und Stärke wie die defekte eingesetzt werden. Brennt eine neue Sicherung nach dem Einsetzen sofort wieder durch, muß unbedingt die Kurzschlußquelle ausfindig gemacht werden.

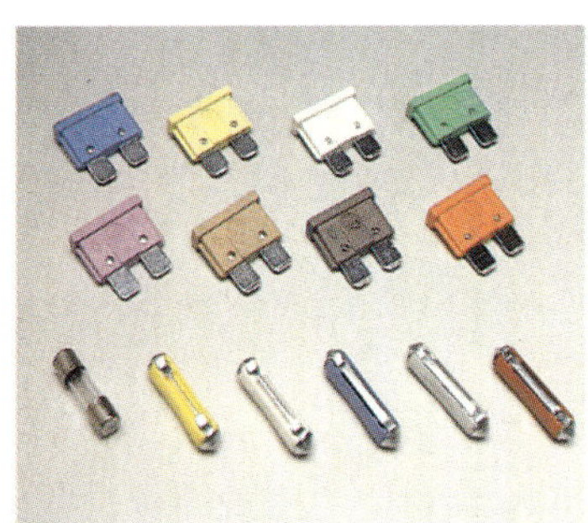

Abb. 10

Batteriepflege

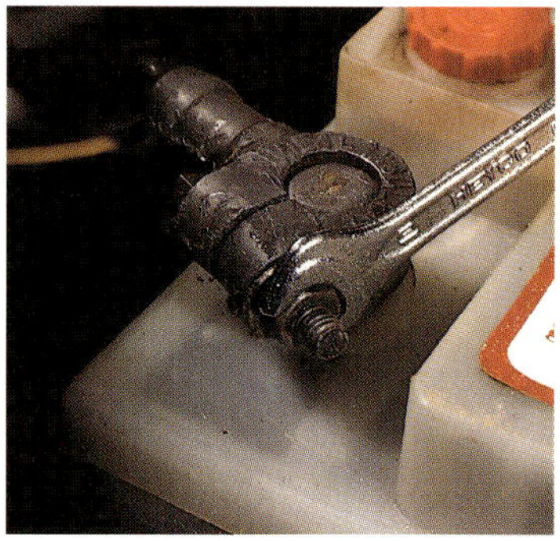
Abb. 1

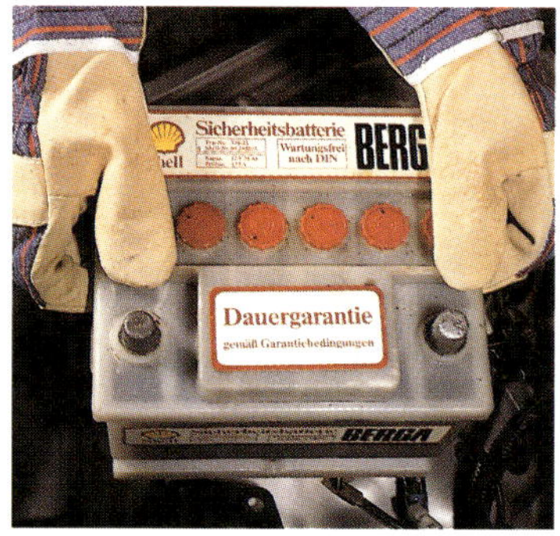

Abb. 2

Abb. 3

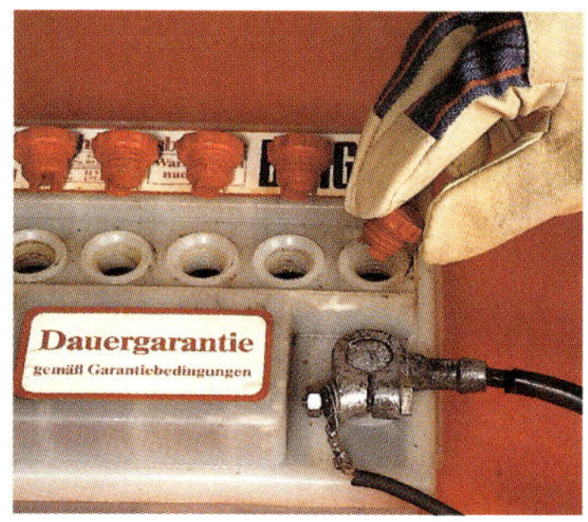

Abb. 4

Die Batterie liefert beim Starten den Strom zum Drehen des Anlassers und zur ersten Zündung. Danach deckt die Lichtmaschine den Strombedarf; die Batterie tritt während des Fahrens nur noch beim Ausfall der Lichtmaschine – beispielsweise bei einem gerissenen Keilriemen – in Aktion. Die regelmäßige Wartung der Batterie kann ihre Lebensdauer entscheidend verlängern. Die Wartung empfiehlt sich in erster Linie vor Einbruch des Winters.

Dazu wird die Batterie aus dem Motorraum ausgebaut. Zunächst die Halterung abschrauben (je nach Typ verschieden, meistens mit einer 13er Schraube befestigt). Dann werden die Stromkabel von den Polen gelöst. Dazu mit einem 10er Maulschlüssel zunächst die Minuspolklemme lösen **(1)**. So vermeiden Sie mögliche Kurzschlüsse beim anschließenden Lösen der Pluspolklemme. Sollten sich die Klemmen nach dem Lösen nicht abziehen lassen, winkeln Sie mit einem Schraubenzieher die Klemme auf. Zum Herausnehmen und Transport der schweren Batterie **(2)** ist einige Kraft notwendig.

Zum Vermeiden von Kriechströmen, die die Batterie entladen, empfiehlt es sich, diese zunächst von außen gründlich zu reinigen. Wichtig sind hierbei vor allem die Pole, die man mit einer Drahtbürste blank bekommt **(3)**. Von entscheidender Bedeutung für die Lebensdauer sind die Lüftungsbohrungen in den Verschlußstopfen. Zu ihrer Reinigung schraubt man zunächst die Verschlußstopfen mit der Hand heraus **(4)** und reinigt dann die Löchlein mit einer Nadel **(5)**. Anschließend die Bohrungen mit Druckluft durchblasen. (Vorsicht: Spritzende Säurepartikel)

Der Stand der Batterieflüssigkeit sollte regelmäßig (alle 3 Monate) überprüft werden. Dazu schaut man auf der Frontseite der Batterie nach, ob die einzelnen Kammern bis zur oberen Markierung gefüllt sind **(6)**. Befindet sich in einer der Kammern zuwenig Flüssigkeit, muß nachgefüllt werden. Zwar werden bei einer neuen Batterie die Kammern mit Säure gefüllt, zum Nachfüllen allerdings verwendet man destilliertes Wasser (wird an jeder Tankstelle angeboten). Leitungswasser darf man nicht einfüllen, da es viele Fremdstoffe enthält, die der Batterie zusetzen und sie zerstören können. Das destillierte Wasser wird vorsichtig mit einem Trichter nachgefüllt **(7)**.

Im Handel sind auch Säureprüfer erhältlich. Sie sagen allerdings nicht alles über die Leistungsfähigkeit und damit über die noch zu erwartende Lebensdauer der Batterie aus. Hierüber kann nur der Ladezustand unter Belastung Auskunft geben. Dazu ist das eingebaute Voltmeter das richtige Instrument. Sinkt beim Anlassen die Anzeige in den roten Bereich, also unter 7 Volt, ist die Bat-

Abb. 5

Abb. 6

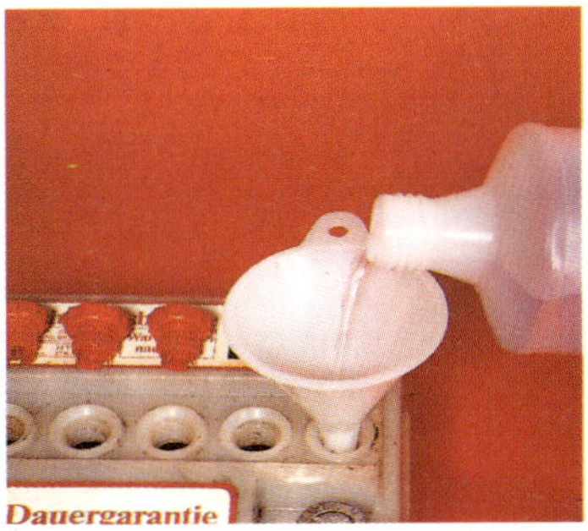

Abb. 7

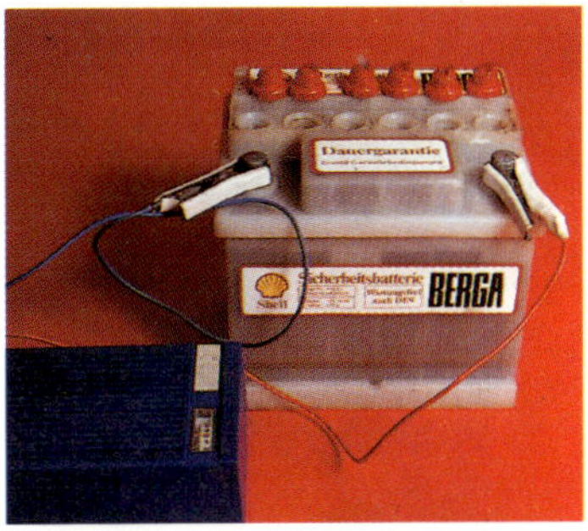

Abb. 8

Abb. 9

terie entweder relativ verbraucht oder leer. Verfügt Ihr Fahrzeug nicht über ein eingebautes Voltmeter, kann der Ladezustand auch mit einem Belastungsspannungsmesser ermittelt werden. Dabei darf innerhalb von zehn Sekunden die Anzeige nicht unter 9,6 Volt absinken. Vor dem Wiedereinbau der Batterie die Pole mit Polfett einschmieren. Das rote Kabel gehört immer an den Pluspol, das Massekabel an den Minuspol.
Zum Laden der Batterie kann ein Ladegerät verwendet werden. Im Handel sind verschiedene Ladegeräte erhältlich. Ausreichend sind Kleinladegeräte mit einer Leistung von 6 Ampere. Teurer, aber dafür leistungsstärker, sind Schnelladegeräte. Vor dem Laden müssen Sie zunächst die Verschlußstopfen aufdrehen, damit die Gase, die dabei in den Kammern entstehen, entweichen können. Achtung: Die Gase sind feuergefährlich, während des Ladens nicht rauchen oder offenes Feuer entfachen, außerdem sollte der Raum gut gelüftet sein.
Wird die Batterie im eingebauten Zustand geladen, muß zumindest das Strom kabel einer der beiden Pole abgeklemmt werden. Beim Anschließen des Ladegerätes zunächst die Batteriepole anklemmen (rot auf Plus, schwarz auf Minus), dann erst Ladegerät an die Steckdose anschließen **(8).** Die Batterie ist geladen, wenn die Anzeige des Ladestroms auf 1,0 zurückgeht **(9).**

Abb. 1

Abb. 2

Abb. 3

Luftfilterwechsel

Um möglichst reine Luft ansaugen zu können, befindet sich auf oder vor dem Vergaser ein Luftfilter. Er muß gewechselt werden, wenn die Lamellen schwarz verschmutzt sind – nicht zuletzt, um den Benzinverbrauch zu senken.
Zur Überprüfung löst man zunächst die Abdeckung. Dazu winkeln Sie die Halterungsklemmen mit einem Schraubenzieher auf **(1)**. Bei manchen Autotypen müssen zusätzlich Sechskantmuttern oder Schrauben (10er oder 13er, Kreuzschlitz) gelöst werden. Dann kann der Luftfilter herausgenommen und nötigenfalls gewechselt werden **(2)** – in der Regel alle 30 000 Kilometer fällig.
Einmal jährlich sollte zusätzlich der Vergaserdeckel gesäubert werden. Dazu die Halterungsschrauben (in der Regel 10er) herausdrehen **(3)** und die Halterung vorsichtig anheben. Dabei nicht wild nach oben reißen! Denn auf der Unterseite befinden sich zumeist mehrere Schläuche, die einfach aufgesteckt sind **(4)**. Bevor Sie diese abziehen, sollten Sie sich genau anschauen, wohin welcher Schlauch gehört, und nötigenfalls die Schläuche markieren. Achten Sie auch darauf, daß Sie keine weiteren Kabel oder Schläuche, vor allem die dünnen Unterdruckschläuche des Vergasers, versehentlich mit abziehen.
Schauen Sie sich weiterhin genau an, ob noch Weiteres zu lösen ist, zum Beispiel die breiten Vorwärmschläuche. Dann nehmen Sie die Halterung heraus und säubern diese mit einem fusselfreien Lappen **(5)**. Zum Reinigen stark verschmutzter oder mit einem Ölfilm verdreckter Stellen können Sie Benzin als Reinigungsmittel verwenden. Sollte sich Rost gebildet haben, schmirgeln Sie die-

Abb. 4

Abb. 5

Abb. 6

Abb. 7

sen ab, streichen die Stellen mit Rostumwandler ein und lackieren das Ganze mit einfacher Farbe. Dann Halterung wieder einsetzen, alle Schläuche anschließen und Muttern/Schrauben wieder festdrehen. Zum Schluß neuen Luftfilter einsetzen **(6)**, Abdeckung aufmontieren und den Sitz der Luftzufuhrschläuche überprüfen **(7)**.

Benzinfilterwechsel

Um Verunreinigungen des Benzins abzufangen, ist bei den meisten Modellen ein Benzinfilter eingebaut. Er befindet sich entweder direkt am Tank oder im Motorraum. Er sollte – wie der Luftfilter – jährlich oder alle 15 000 Kilometer gewechselt werden. Vorsicht: Hier ist Benzin im Spiel. Deshalb beim Wechsel nicht rauchen und kein offenes Feuer entfachen!
Zunächst die Schellen, mit denen der Benzinschlauch am Filter befestigt ist, lösen. Wurden Schraubschellen verwendet, Schrauben herausdrehen **(8)**; Klemmschellen mit einem Schraubenzieher aufwinkeln. Dann die Schellen zurückziehen und die Schläuche mit der Hand vom Filter abziehen **(9)**. Sitzen die Schläuche sehr fest, versuchen Sie diese beim Ziehen hin und her zu drehen. Nötigenfalls verwendet man eine Rohrzange zum Abziehen, wobei der Schlauch leicht gefaßt wird und dann ebenfalls durch eine gleichzeitige Dreh- und Ziehbewegung gelöst wird.
Beim Abziehen der Schläuche kann der Sprit herausschießen: Wer keine „Benzindusche" nehmen möchte, legt am besten ein Tuch über den Filter.
Sollten die Enden des Benzinschlauchs ausgefranst sein, kürzt man ihn mit einem Messer um das ausgefranste Stück **(10)**. Aber Achtung: Nicht zu viel wegnehmen, da sonst der Schlauch zu kurz ausfallen kann. Sollte dies

Abb. 8

Abb. 9

Abb. 10

der Fall sein, müssen Sie ein neues Stück Schlauch einsetzen. Dies wird auch notwendig, wenn der Benzinschlauch porös oder rissig sein sollte. Zum Schluß wird der neue Filter eingesteckt, und die Klemmen werden wieder richtig festgezogen.

Öl- und Ölfilterwechsel

Ein Ölwechsel sollte unabhängig von der Fahrleistung mindestens einmal jährlich vorgenommen werden, besser jedoch im Frühjahr und im Herbst. Bei höheren Fahrleistungen sind die vom Hersteller vorgegebenen Intervalle einzuhalten. Der Ölfilter sollte ebenfalls einmal jährlich (15 000 Kilometer) gewechselt werden.
Vor dem Ölwechsel muß der Wagen auf Betriebstemperatur gebracht werden. Das Öl wird an der Ölwanne unterhalb des Motorblocks abgelassen. In die Wanne ist eine Schraube eingedreht, die Sie am besten mit einer Ratsche lösen **(1)**. Dazu muß das Fahrzeug unbedingt gerade stehen, denn nur dann kann alles Öl abfließen. Zum Ablassen unter die Ölwanne ein Auffanggefäß für das ausfließende Öl stellen **(2)** und dabei einkalkulieren, daß das Öl in einem kleinen Bogen herausfließen wird. Aus Umweltschutzgründen sollten Sie zusätzlich eine alte Dekke unterlegen. Bevor Sie neues Öl nachfüllen, muß die Schraube mit einem neuen Dichtungsring wieder fest eingedreht werden **(3, 4)**.
Wieviel Öl Ihr Motor benötigt, steht in der Betriebsanleitung des Fahrzeuges. Liegt diese nicht vor, füllen Sie zunächst 2,5 Liter nach, lassen das Öl sich gut fünf Minuten setzen und kontrollieren dann mit dem Peilstab **(5)**, ob die Menge ausreicht. Reicht die Menge nicht, immer halbliterweise neues Öl

Abb. 1

Abb. 2

Abb. 3

Abb. 4

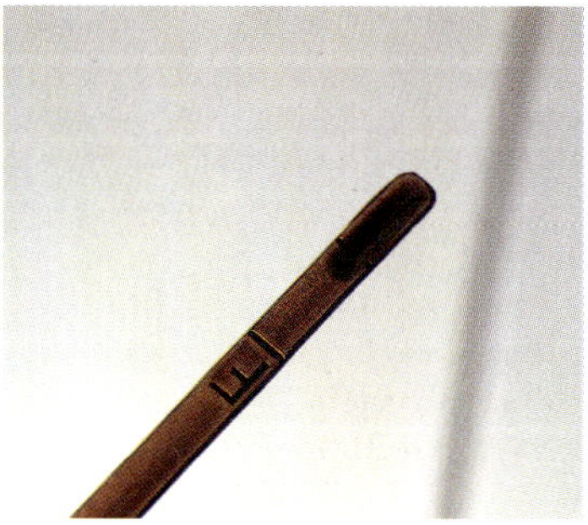

Abb. 5

Abb. 6

hinzufügen. Beim Einfüllen des Öls empfiehlt es sich, einen Trichter oder eine spezielle Ölkanne zu verwenden, um aus Umweltschutzgründen das Risiko des Verkippens einzuschränken **(6)**. Der Ölwechsel kann auch mit einer elektrischen Pumpe von oben vorgenommen werden **(7)**. Allerdings ist diese Methode nicht so gründlich wie das Ablassen.
Zum Wechseln des Ölfilters (er muß der exakt richtige für Ihren Motortyp sein) benötigt man spezielle Abdreher, da der Filter meist sehr fest aufgeschraubt sitzt. Verschiedene Varianten stehen zur Verfügung **(7)**, am besten geht es mit dem Ratschenvorsatz. Der Filter wird zu-

Abb. 7

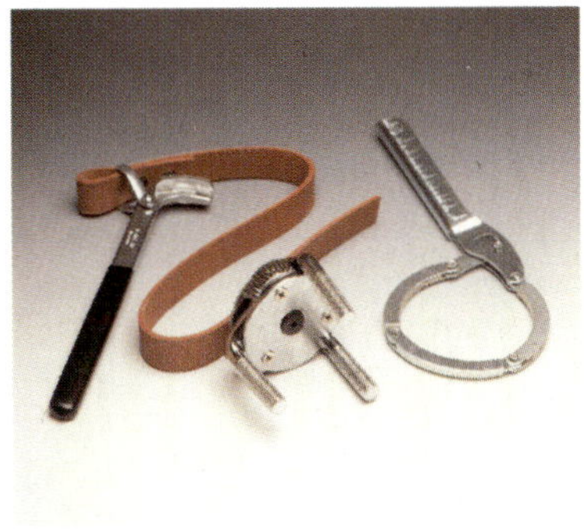

Abb. 8

Abb. 9

Abb. 10

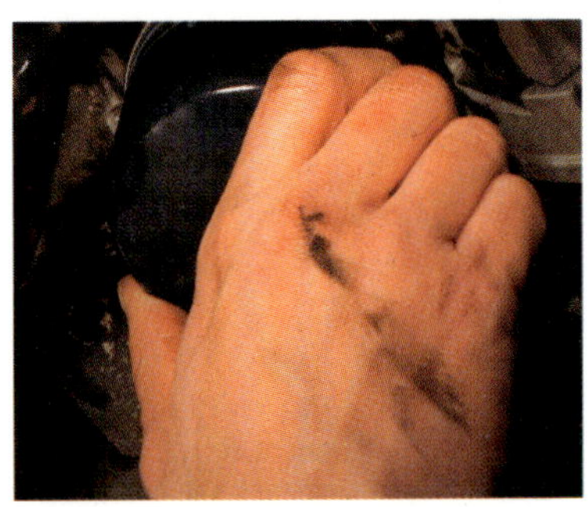

Abb. 11

nächst mit einem kräftigen Ruck gelöst **(8)**, bevor er dann mit der Hand leicht herausgedreht werden kann. Dabei unbedingt einen Auffangbehälter für austropfendes Öl unter den Motorblock stellen. Um den neuen Ölfilter besser abzudichten, schmieren Sie seine Dichtung vor dem Wiedereinsetzen mit Öl ein **(9)**. Dann wird der Filter nur von Hand wieder fest eingedreht **(10)**. Beim Wiedereinfüllen des Öls muß nach einem Filterwechsel ein halber Liter mehr eingeplant werden. Zur Sicherheit sollten Sie nach einer ersten Fahrt den Ölstand noch einmal kontrollieren.

UMWELTTIP

Öl ist Gift fürs Grundwasser. Schon ein Tropfen verseucht bis zu 1000 Liter Wasser. Deshalb sehr vorsichtig zu Werke gehen und kein Öl verschütten. Altes Öl füllt man am besten in einen Kanister ein und gibt es dort ab, wo man das neue Öl erstanden hat. Zur Vorsicht sollte man beim Ablassen unter der Ölwanne noch eine alte Decke auslegen, die eventuell austropfendes Öl auffängt. Wird Öl verschüttet, sofort Sand auf die Fläche streuen, der sich dann mit Öl vollsaugt. Der Sand ist als Sondermüll zu entsorgen.

Abb. 1

Abb. 2

Abb. 3

Abb. 4

Zündkerzen-wechsel

Über die Zündkerzen wird die Explosion in den Zylindern durch elektrische Funken ausgelöst. Deshalb brennen die Kerzen an den Elektroden ab und müssen regelmäßig gewechselt werden. Alte Kerzen führen zu verminderter Motorleistung und höherem Benzinverbrauch. Nur die speziell für Ihren Motortyp ausgewiesenen Kerzen verwenden! Das Wechseln der Zündkerzen erfolgt nacheinander, um Verwechselungen der Zündkabel auszuschließen. Zunächst wird das Zündkabel von der Kerze abgezogen, indem man den Kopf des Kabels umfaßt und ihn dann mit einem kurzen, kräftigen Ruck löst **(1)**. Reißen Sie am Kabel, besteht die Gefahr, daß Sie es nicht von der Kerze, sondern vom Kopf lösen. Die Kerze selbst drehen Sie dann mit einem Zündkerzenschlüssel heraus **(2)**. Dazu gibt es spezielle Zündkerzenschlüssel oder Ratschenaufsätze. Sind die Zündkerzen seitlich und somit schwer zugänglich angebracht, behelfen Sie sich beim Einsatz der Ratsche mit einer flexiblen Verbindung. Eine intakte Kerze zeigt folgendes Gesicht: Der Isolator ist hellgelblich bis hellweiß gefärbt, der Stahlkörper ist mattschwarz und trocken oder mit einer grauweißen Pulverschicht überzogen **(3).** In allen anderen Fällen muß die Kerze gewechselt werden.
Dazu die neue Kerze zunächst mit der Hand eindrehen **(4)** und schließlich mit dem Zündkerzenschlüssel leicht festdrehen. Wichtig: Kerzen mit Flachdichtsitz werden nach der ersten Drehhemmung mit dem Zündkerzenschlüssel um etwa 90 Grad weitergedreht, Zündkerzen mit Kegeldichtsitz nur um etwa 15 Grad. Zum Schluß Zündkabel wieder korrekt aufsetzen und nächste Kerze auf gleiche Weise wechseln.

Abb. 5

Abb. 6

Pflege des Verteilers

Über den Verteiler wird der Impuls für den Zündfunken auf die einzelnen Zündkerzen verteilt. Im Inneren des Verteilers dreht sich ein Verteiler-

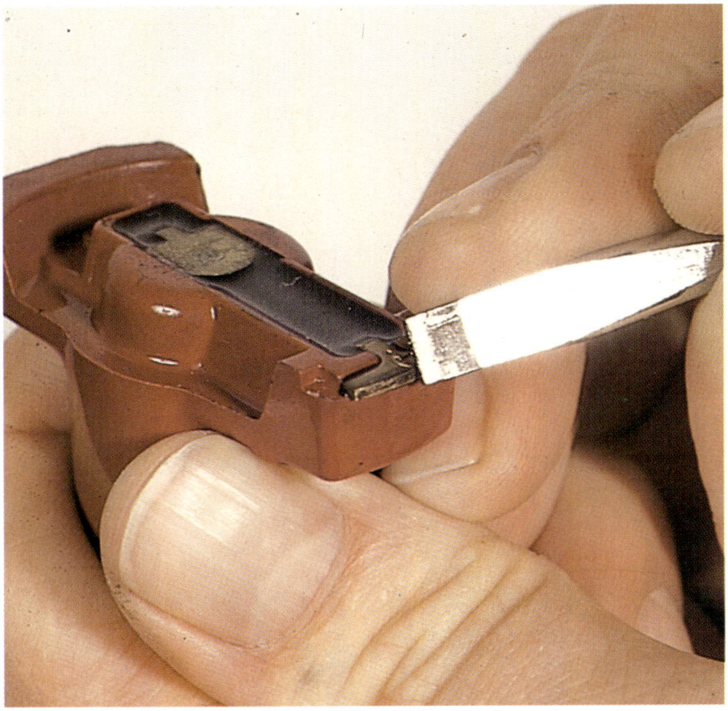

Abb. 7

Abb. 8

Abb. 9

finger und leitet den Strom zu vier Kontaktstellen in der Verteilerkappe weiter. Diese Kontaktstellen oxidieren mit der Zeit und müssen gelegentlich gereinigt werden. Dazu montiert man zunächst die Verteilerkappe ab, indem man die beiden Halterungsklammern mit einem Schraubenzieher öffnet **(5)**. Bevor man nun die Kappe abziehen kann **(6)**, muß bei manchen Modellen noch das Massekabel von der Dose zum Verteiler gelöst werden. Die Zündkabel, die von der Dose zu den Zündkerzen führen, lassen Sie am besten stecken, da sie in einer ganz speziellen Folge aufgesteckt werden müssen. Beim Öffnen der Dose wird der Verteilerfinger sichtbar. Er ist einfach abzuziehen. Von der Zündspule bekommt der Finger seinen Kontakt von oben und leitet ihn beim Drehen über die Messingkante an seiner Fingerkuppe zu den Kontaktstellen in der Kappe weiter. Die Messingkante reinigt man am besten mit einem Schraubendreher oder Schmirgelpapier **(7)**. Man kann die Oxidationsschicht allerdings auch abschmirgeln. In gleicher Weise werden die Kontaktstellen innerhalb der Dose gereinigt. Weisen die Kontaktstellen starke Abnutzungserscheinungen auf oder lassen sich Risse in der Kappe oder am Finger erkennen, müssen diese ausgetauscht werden. Vor dem Wiedereinsetzen sprüht man die Kontaktstellen in der Kappe mit Kontaktspray ein **(8)**. Sowohl Finger als auch Kappe müssen beim Wiedereinbau fühl- und hörbar einrasten. Bei der Kappe vergewissert man sich über den richtigen Sitz durch Drehversuche nach links oder rechts **(9)**. Läßt sich die Kappe so gut wie nicht bewegen, können die Klammern festgezogen und das Massekabel aufgesteckt werden **(10)**. Feuchtigkeit beeinträchtigt die Leitfähigkeit innerhalb der Dose. Deshalb schützen viele Hersteller die Dose zusätzlich mit einer plastiktütenartigen Schutzhülle. Sie wieder aufzuziehen kann keinesfalls schaden. Die früher üblichen Unterbrecherkontakte werden heute von wartungsfreien Transistoren ersetzt, andernfalls müssen die Kontakte regelmäßig gewechselt werden.

Reifen

Die tragende Rolle der Reifen beim Fahrzeug muß nicht betont werden. Ausreichendes Profil verlangt nicht nur die Polizei, sondern auch die eigene Sicherheit. Es sollte regelmäßig überprüft werden. Dazu reicht der Markstück-Test **(1)**. Ist die Jahreszahl auf der Münze nicht zu lesen, reicht das Profil voll und ganz aus. Der korrekte Reifendruck führt nicht nur zur optimalen Straßen lage und damit zu optimaler Sicherheit: Es ist auch aus wirtschaftlichen Erwägungen empfehlenswert, den Druck regelmäßig zu prüfen **(2)**. Denn zum einen nutzen sich falsch aufgeblasene Reifen schneller ab, zum anderen führen sie zu erhöhtem Spritverbrauch. Der korrekte Druck kann nur bei montiertem Reifen geprüft werden. Sollen Reifen gewechselt werden, gilt es zunächst, Zierleisten und Kappen abzumontieren. Das geht immer am besten, indem Sie diese mit einem Schraubendreher herauswinkeln. Bei Zierrahmen empfiehlt es sich, diese dabei mit einem Tuch gegen Verkratzen zu schützen **(3)**. Hartnäckig festsitzende Schrauben kann man auch ohne großen Kraftaufwand lösen, indem man den Wagenheber einsetzt. Zunächst wird der Schlüssel auf die entsprechende Mutter aufgesetzt und dann der Wagenheber auf der anderen Schlüsselseite untergezogen. Dreht man jetzt den Wagenheber hoch, löst sich auch die Schraube **(4)**. Setzt man den

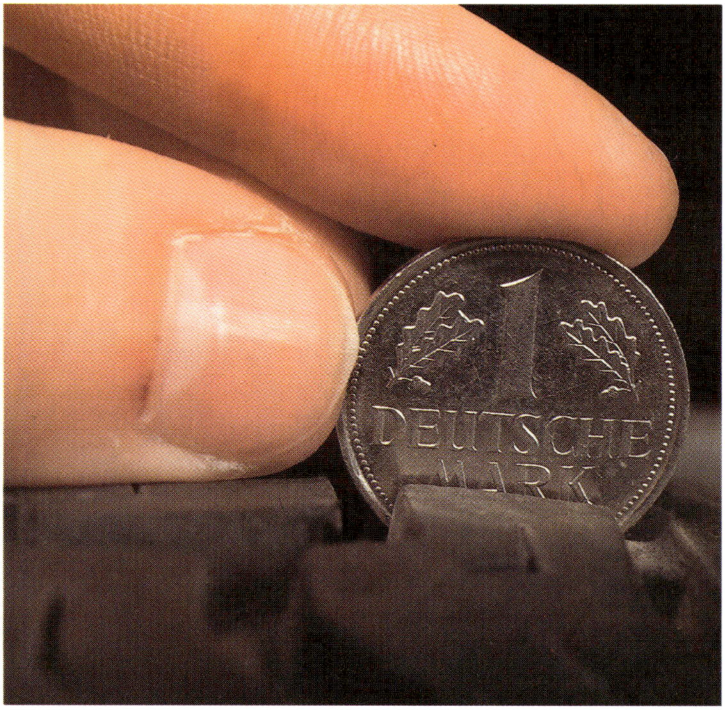

Abb. 1

Abb. 2

Abb. 3

Wagenheber auf der anderen Seite an, löst man allerdings die Schrauben nicht, sondern man zieht sie fest.
Beim Festziehen unbedingt die Über-Kreuz-Regel beachten **(5)**. Beim letzten Festdrehen also erst Mutter a, dann d, dann b und dann c angehen.Vor allem bei Leichtmetallrädern sollten die Herstellungsangaben über das Drehmoment beachtet werden!
Vor dem Lagern der Winter- oder Sommerreifen empfiehlt es sich, diese nach dem Abschrauben zu markieren, damit sie ein halbes Jahr später auch wieder an ihre alte Position gebracht werden können. Am besten geht es mit Kreide auf der Radinnenseite – dann ist die Markierung auch bei der Wie-

Abb. 4

Abb. 5

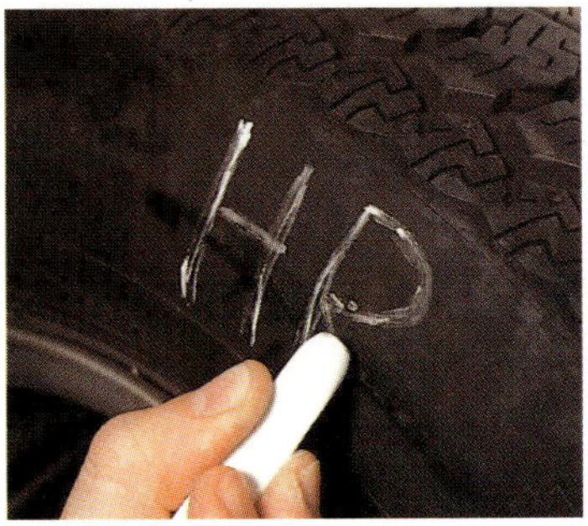

Abb. 6

dermontage nicht zu sehen **(6)** (Kürzel: H und V für hinten und vorne, L und R für links und rechts). Noch zwei Tips zum Lagern der Reifen: Der Druck sollte um 0,3 bis 0,5 bar höher sein als bei montierten Reifen vorgeschrieben. Die Räder sollten senkrecht und einzeln aufgestellt sowie trocken gelagert werden.

Winter-vorbereitungen

Väterchen Frost zählt zu den ganz großen Gegnern ungetrübter Autofreuden. Denn ganz gleich, ob etwas vereist oder man Start- und Fahrprobleme hat – der Ärger ist groß. Mit einer guten Wintervorbereitung ist alles nur halb so schlimm.
Im Spätherbst muß der erste Blick dem Zustand der Kühlflüssigkeit gelten.
Wieviel Kühlflüssigkeit Ihr Fahrzeug aufnehmen und wieviel Frostschutzmittel eingefüllt werden muß, steht in der Betriebsanleitung des Fahrzeuges. Der Gefrierpunkt sollte zwischen – 25 und – 35 Grad Celsius liegen. Wer sich nicht sicher ist, ob und wie umfangreich das Wasser gegen Gefrieren geschützt ist, kann dies mit einer Frostschutzspindel ermitteln **(7)**. Dabei wird die Flüssigkeit aus dem Kühler angezogen. Wenn sich die Kammer ganz gefüllt hat, zeigt die Spindel auf der Anzeige den Grad des Gefrierschutzes an. Prinzipiell gilt: Je mehr Frostschutzmittel im Kühlsystem eingemischt wird **(8)**, um so besser. Denn dem Frostschutzmittel für den Kühler sind auch Mittel beigemengt, die das Rosten der Kühlkanäle im Motorblock verhindern. Deshalb sollte auch im Sommer Frostschutzmittel im Kühlsystem zirkulieren. Und deshalb gehört das Kühlwasser auch alle zwei Jahre gewechselt. Gleichzeitig sollte man sich vergewissern, ob auch die Scheibenwaschanlage ausreichend gegen Einfrieren geschützt ist.

Abb. 7

Abb. 8

Abb. 9

Zu den weiteren unverzichtbaren Wintervorbereitungen gehört das Überprüfen und die Wartung der Batterie (siehe entsprechender Abschnitt). Ihre Leistungsstärke nimmt mit zunehmender Kälte immer mehr ab.
Gefrierschutz verdienen aber nicht nur Motor-, sondern

auch andere Fahrzeugteile, zum Beispiel die Türgummis. Frieren sie an den Rahmengummis fest, besteht beim Aufreißen die Gefahr, daß sich Risse bilden und die Gummis nicht mehr ganz dicht sind. Deshalb sollten alle gefährdeten Gummiteile, beispielsweise auch die Kofferraumabdichtungen, mit einem Glyzerinstift gegen Einfrieren geschützt werden **(9)**. Ganz kann man die Frostfolgen natürlich nie bannen, aber auch die Scheiben lassen sich schützen, indem man sie mit einem Antibeschlag- oder Antigefriertuch von innen abreibt.
Vor Nächten, in denen Frost angesagt ist, sollten die Scheibenwischer hochgestellt werden. Denn frieren sie auf der Scheibe fest und werden dann durch den Wischermotor losgerüttelt, bilden sich Risse. Auch sollte man keinesfalls versuchen, Eisrückstände auf der Frontscheibe durch die Wischer zu lösen. Denn in jedem Fall erweist sich das Eis als stärker – die Wischer und damit die Sicht beim nächsten Regen oder Schneefall sind dahin. Zur guten Wintervorbereitung gehört weiterhin das Bereithalten von Kratzer und Schneebesen sowie eines Türschloßenteisers.
Erhöhte Sicherheit im Winter können nur Winterreifen bieten. Der Tip hier: Die Reifen rechtzeitig auswuchten lassen und montieren, denn ist der erste Schnee gefallen, ist die Montage meistens eine unangenehme Arbeit.
Übrigens: die Mindestprofiltiefe beträgt 4 Millimeter.

Zubehör

Darf es etwas mehr sein? Die typische Verkäuferfrage darf man in puncto Komfort beim Fahrzeug ruhig mit einem deutlichen Ja beantworten. Denn ob Zentralverriegelung oder Glasdach, Zusatzinstrumente oder -scheinwerfer, Autoradio oder Boxen – das Zubehör steigert nicht nur den Fahrkomfort, sondern erweist sich oft als sinnvolle Ergänzung der Fahrzeuggrundausstattung. Und der zusätzliche Spaß am Fahren muß nicht den Geldbeutel zum Weinen bringen. Bei nachträglichem Eigeneinbau fallen oft nicht einmal die Hälfte der Kosten an, die die Hersteller ab Werk verlangen.

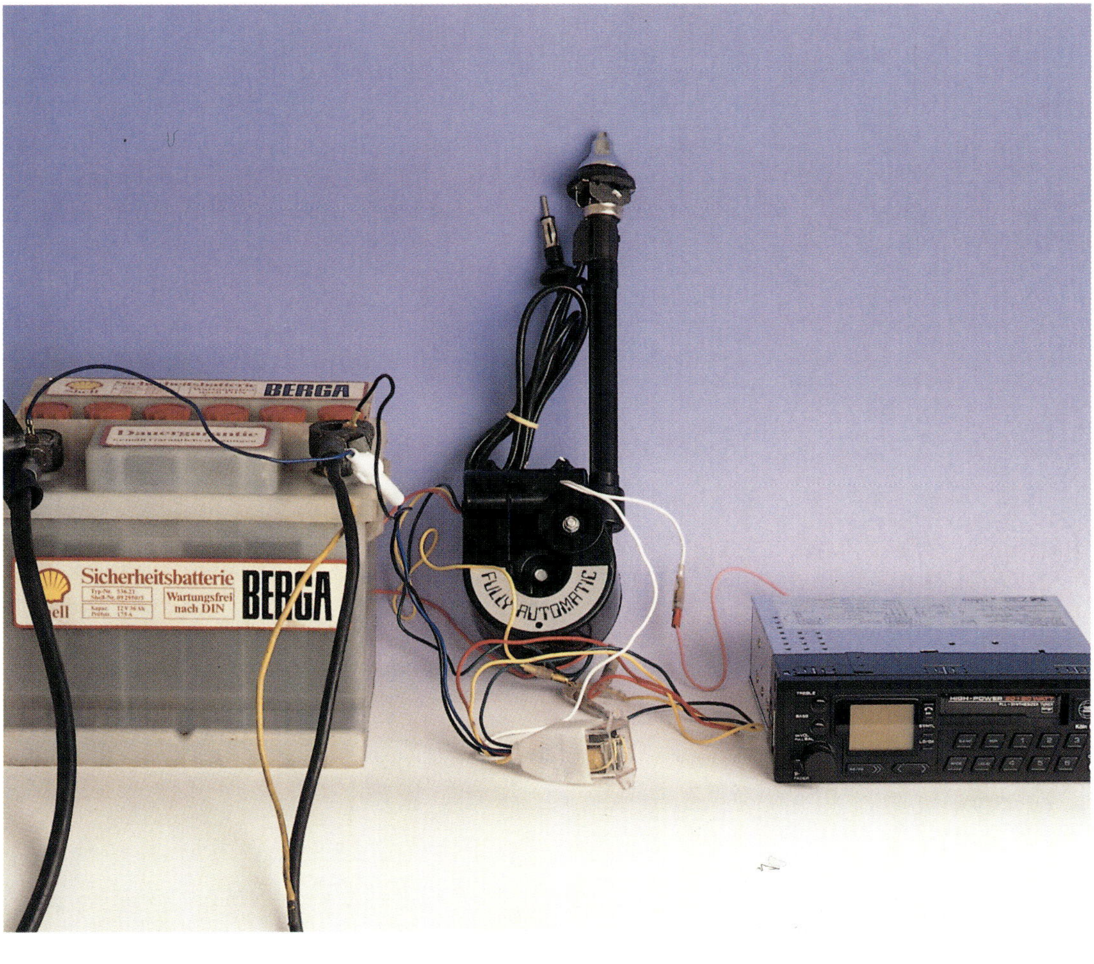

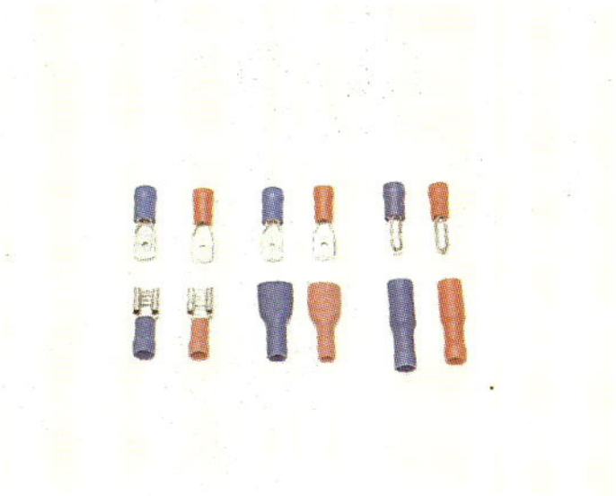

Abb. 1

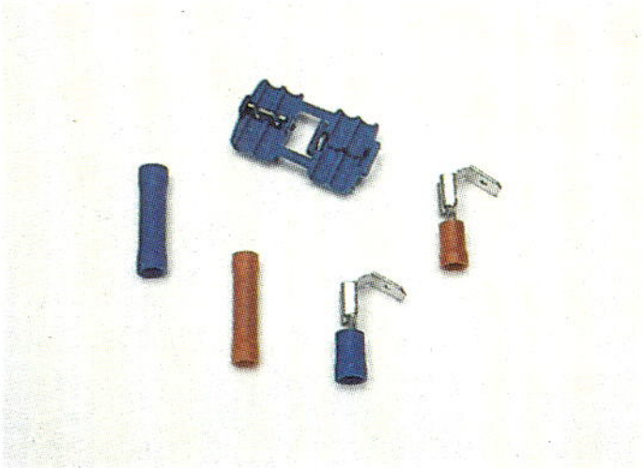

Abb. 2

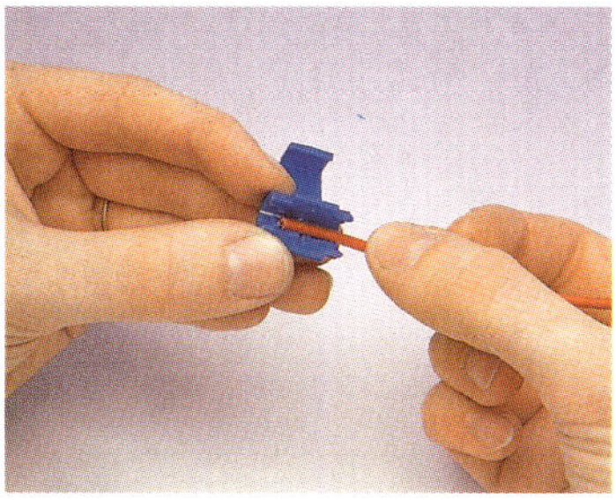

Abb. 3

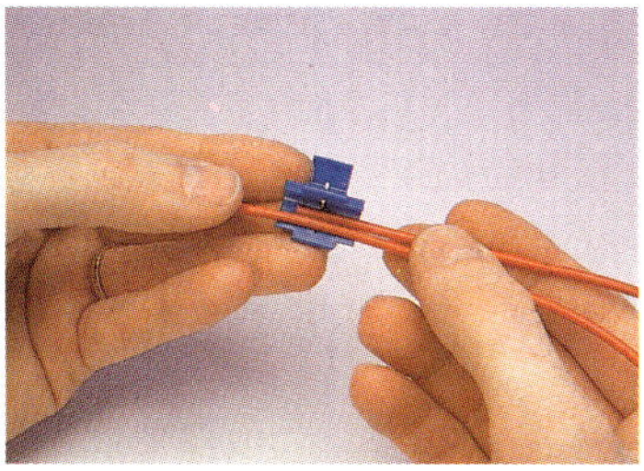

Abb. 4

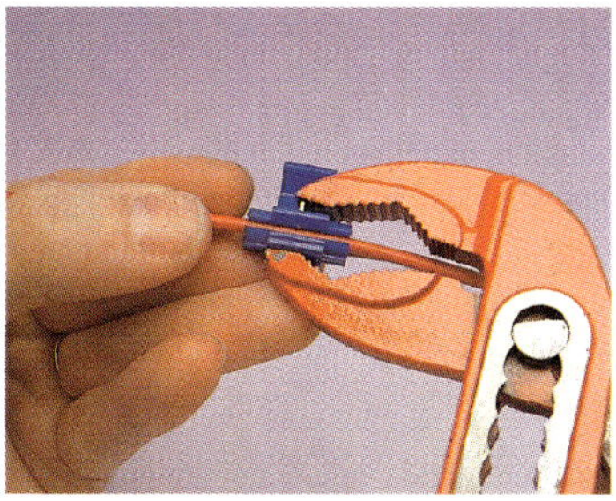

Abb. 5

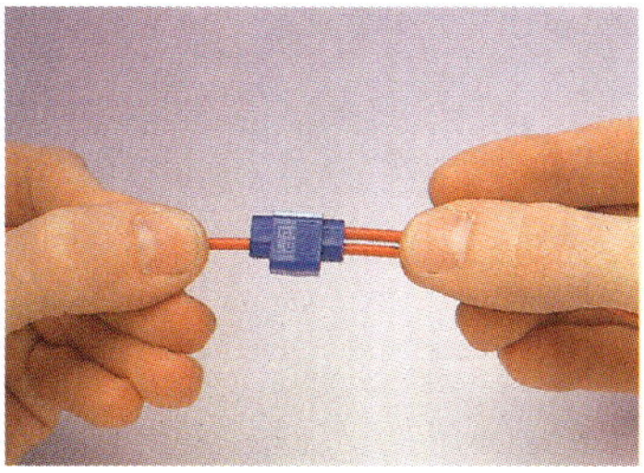

Abb. 6

Kabel und Strom

Ohne Saft und Kraft läuft beim Zubehör nur selten etwas. Denn gleich ob Autoradio oder Fensterheber, Zusatzinstrumente oder Alarmanlage, Zentralverriegelung oder weitere Scheinwerfer – alles benötigt, um zu funktionieren, Strom. Kabelführung und -belegung sind deshalb das A und O des nachträglichen Zubehöreinbaus. Wer allerdings einmal einen Blick auf den Schaltplan seines Fahrzeuges geworfen hat, ist versucht, schon im Vorfeld die Zubehörflinte ins Korn zu werfen. Denn der Stromkreislauf im Auto gleicht einem Labyrinth mit Hunderten von Fallstricken. In jedem normalen Fahrzeug sind ohne Zubehör schon ab Werk weit über hundert Meter unterschiedlichster Kabel verlegt. Hinzu kommt ein äußerst sensibles System von Sicherungen und Relais. Unsachgemäße Eingriffe können nicht nur Teilfunktionen des Fahrzeugs lahmlegen, sondern auch zum Totalausfall und zu Bränden führen. Deshalb beim Verlegen und Anschließen von Kabeln stets mit großer Sorgfalt zu Werke gehen.
Um eine generelle Übersicht über das Kabelgewirr im Fahrzeug zu ermöglichen, hat man sich bei den Farben auf eine DIN-Norm (Nr. 72 551) geeinigt. Sie sieht unter anderem folgende Belegungen vor:

Farbe	von	zu
Rot	Plusstrom	Verbraucher
Braun	Masse	Verbraucher
Schwarz	Batterie Zündschalter	Anlasser/Masse Zündspule
Weiß	Abblendschalter	Fernlicht
Gelb	Abblendschalter	Abblendlicht
Schwarz/Weiß	Blinkerschalter	Blinker links
Schwarz/Grün	Blinkerschalter	Blinker rechts
Grau/Schwarz	Sicherung	Schlußleuchte/ Standlicht links
Grau/Rot	Sicherung	Schlußleuchte/ Standlicht rechts

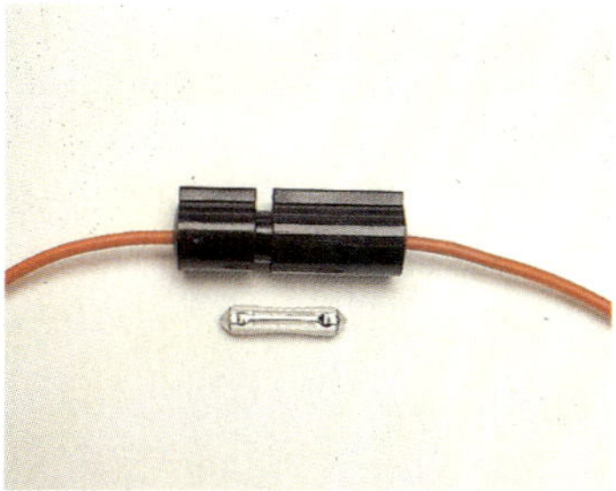

Abb. 7

Abb. 8

Natürlich gibt es noch eine Unzahl weiterer Kabelfarben, die allerdings nicht alle genormt sind. Aufpassen muß man nur bei Schwarz, denn schwarze Kabel können sowohl Plus- als auch Minusstrom führen. Wichtig ist, daß die reine Stromzufuhr zum jeweiligen Zubehörteil immer farblich stimmig ist, also daß der Plusstrom mit Rot, die Masse mit Braun belegt wird.
Neben dem reinen Plus- und Minusstrom, die prinzipiell direkt von der Batterie stammen, sind zwei weitere Kabelverbindungen wichtig, und zwar dann, wenn das entsprechende Zubehör erst bei eingeschalteter Zündung funktionieren soll (also vom Zündschalter zum Verbraucher), sowie, bei Instrumenten und Schaltern, die Anzeigenbeleuchtung, die dann angeht, wenn das Licht angestellt wird.

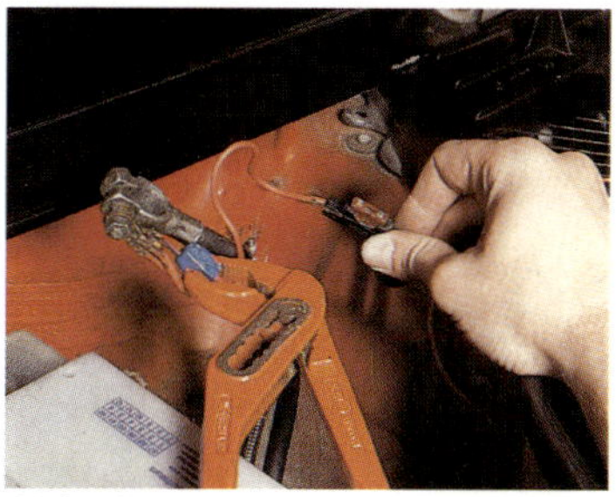

Abb. 9

Eine ordnungsgemäße Kabelverlegung beginnt mit dem richtigen Anschluß. Generell: Lüsterklemmen sind bei der Autoelektrik verpönt. Statt dessen benutzt man Flachstecker und -hülsen, die in verschiedenen Ausführungen angeboten werden: nichtisoliert, halbisoliert und vollisoliert **(1)**. Am besten legt man sich vor jeder Arbeit am Stromnetz ein Sortiment mit allen wichtigen Verbindern zu.
Den sichersten Weg, um eine Leitung „anzuzapfen", stellt die Verwendung von Abzweigverbindern dar **(2)**. Der Umgang mit ihnen ist denkbar einfach. Zunächst wird der Stecker vollständig aufgeklappt. Dann legt man das Kabel, das angezapft wird, in die entsprechende hintere Rille **(3)**. Jetzt wird das neue Kabel mit isoliertem Kopf bis ein Stück über die Mitte des Verbinders hinaus eingelegt **(4)** und der Verbinder geschlossen. Mit einer Kombizange wird dann der Kontaktsteg, der die Stromverbindung herstellt, eingedrückt **(5)** und schließlich der Verbinder mit der Arretierungsklappe **(6)** verschlossen.
Aber nun zur eigentlichen Praxis des Zubehör-Anschlusses. Wichtig: Generell muß jeder einzelne nachträglich eingebaute Verbraucher über eine eigene Sicherung **(7)** abgesichert werden. Welche Stärke die Sicherung ausweisen sollte, steht in der Einbauanleitung des Verbrauchers. Am besten legt man eine dicke Plusstromleitung von der Batterie in den Fahrzeugraum, von der aus alles Zubehör mit Strom versorgt wird. Das Kabel sollte dabei mindestens eine Stärke von 1,5 Quadratmillimetern aufweisen. Die Durchführung vom Motor- zum Innenraum sollte an der Stelle erfolgen, an der auch die Werkskabel durchgeführt wurden **(8)**. Erfahrungsgemäß weist das entsprechende Gummi nur sehr wenig „Luft" zum Durchführen eines weiteren Kabels auf. Notfalls kann das Kabel dann auch an der Außenseite des Gummis durchgesteckt werden. Dabei ist Vorsicht geboten, daß die Kabelisolierung nicht beschädigt wird.
Der Anschluß an den Pluspol der Batterie erfolgt, sofern vorhanden, über einen freien Flachsteckeranschluß oder mit einem Abzweigverbinder an einem der abzweigenden Kabel **(9)**. Wer sichergehen möchte, sichert dieses Kabel direkt an der Batterie noch einmal mit einer 16-Ampere-Sicherung ab (im Bildbeispiel Flachstecksicherung). Da es unbedingt ratsam ist, vor jeder Arbeit mit diesem Plusstromkabel, also bei Anschluß, Reparatur oder Wartung des Zubehörs, dieses von der Batterie abzukoppeln, um Kurzschlüsse zu vermeiden, bringt eine sol-

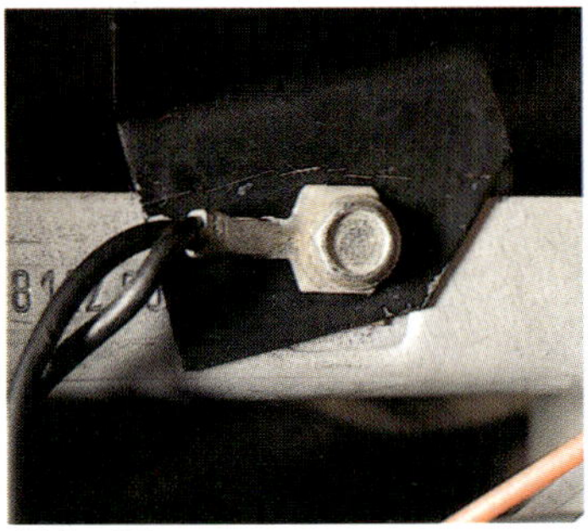

Abb. 10

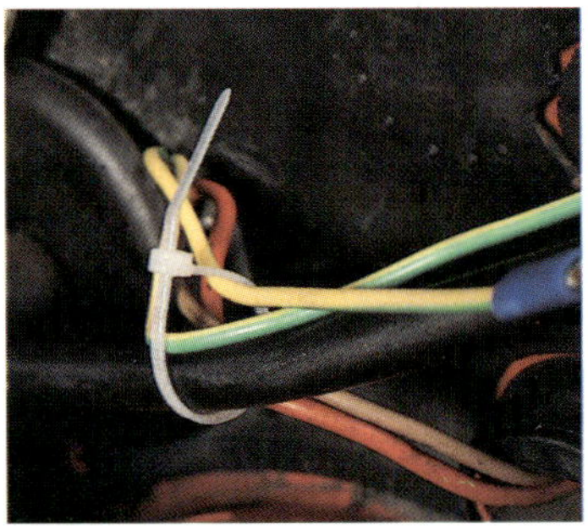

Abb. 11

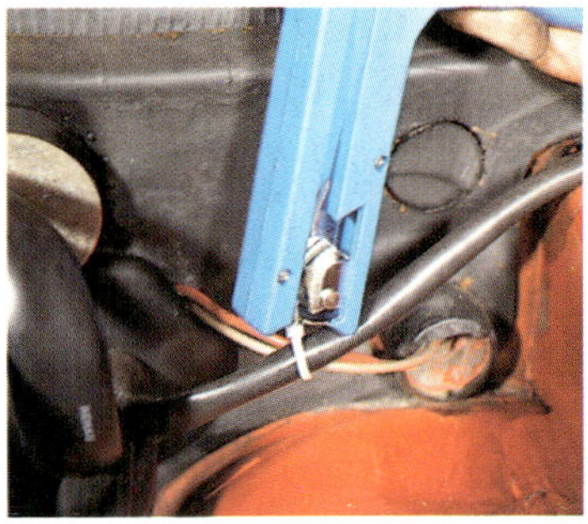

Abb. 12

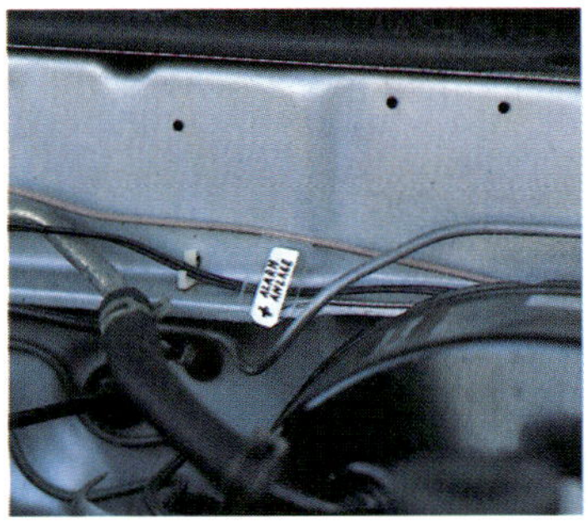

Abb. 13

Abb. 14

Abb. 15

che Flachstecksicherung den Vorteil, daß bei Bedarf mit einem kleinen Handgriff die gesamte Stromzufuhr unterbrochen ist.
Die Masseverbindung ist weitaus unproblematischer, sie kann überall am Fahrzeugblech erfolgen. Am besten sucht man sich in der Nähe des Verbrauchers einen bereits installierten Anschluß **(10)**.
Ordnung ist bei der Vielzahl der Kabel im Auto das halbe Leben. Dazu gehört vor allem die korrekte Verlegung. Vor allem im Motorraum – aber nicht nur dort – können wahllos herumliegende Kabel nicht nur leicht beschädigt werden, sondern bedeuten auch Gefahrenquellen. Deshalb sollten sie ordnungsgemäß verlegt werden. Im Motorraum und überall dort, wo bereits Kabel liegen, bindet man die selbstverlegten Strippen am besten an die bestehenden Kabelstränge an. Dies kann entweder durch Umwickeln mit Isolierband erfolgen, aber besser durch selbstarretierende Kabelbinder, die bei Bedarf auch wieder leicht gelöst werden können **(11)**. Je straffer die Kabelbinder angezogen sind, um so besser. Im Zubehörhandel werden dafür eigens Kabelbinder-Pistolen angeboten, mit denen die Plastikstränge präzise angezogen werden, worauf das überstehende Kabel abgeschnitten wird **(12)**.
In dem Augenblick, in dem neue Verbraucher angeschlossen werden, weiß man in der Regel genau, welches Kabel wozu gehört. Aber schon nach ein paar Wochen läßt einen das Gedächtnis im Stich. Deshalb: Nach jedem Anschluß die neuen Kabel genau bezeichnen. Das erleichtert nicht zuletzt auch einer Werkstatt bei Reparaturen die Arbeit. Statt relativ teurer Kabelbezeichner tut es auch ein Stück Tesafilm, in das ein Stück Papier mit der entsprechenden Aufschrift eingeklebt wird **(13)**.
Beim Kabelbau im Innenraum kommt dem Bereich unter dem Armaturenbrett besondere Bedeutung zu, denn hier laufen fast alle Kabel zusammen. Besonders wichtig ist eine ordentliche Kabelverlegung oberhalb der Pedale. Denn in keinem Fall darf die Gefahr bestehen, daß sich der Fahrer während der Fahrt mit den Füßen in den Kabeln verheddert. Des-

Abb. 16

Abb. 18

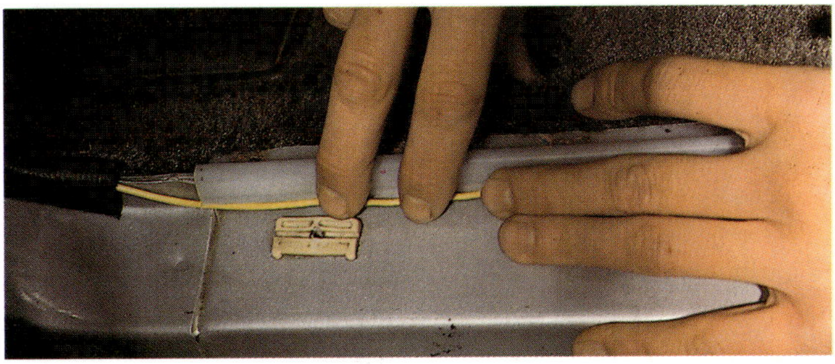

Abb. 17

Abb. 19

halb hier besonders sorgfältig zu Werke gehen, die Kabel sauber mit Kabelbindern an vorhandene Kabelstränge anbinden und die neuen Leitungen straff führen. Um optimale Ergebnisse zu erzielen, verschafft man sich am besten zunächst durch den Ausbau des Fahrersitzes (siehe Seite 10) Bewegungsraum. Zu lange Kabel sollten unbedingt unter Verwendung von vollisolierten Stoßverbindern (siehe auch 1) gekürzt werden. Wer hier alle Leitungen zusätzlich mit Kabelbezeichnungen versieht, leistet sich bei eventuell später auftretenden Störungen einen guten Dienst.

Generell erfolgt die Kabelführung im Innenraum unter Verkleidungen oder Teppichen. Dazu muß nicht in jedem Fall die Verkleidung oder der Teppich abmontiert werden. Oft kann man das oder die entsprechenden Kabel vorsichtig mit einem Schraubenzieher unter die Verkleidung oder in Ritzen schieben **(14).** Die Teppiche oder auch Dämmteile sind verklebt. Wenn sie gelöst werden müssen, sollten sie nach dem Kabelbau auch wieder mit einem Universalkleber angeklebt werden.

Auf den ersten Blick erscheint der Leitungsbau zum hinteren Teil des Fahrzeugs problematisch. Er wird vor allem bei der Montage von Hecklautsprechern notwendig. Dabei ist die Kabelführung hier besonders einfach. Sie erfolgt entlang des Türschwellers. Zunächst wird die Plastikabdeckung entfernt. Je nach Fahrzeug muß sie abgeschraubt **(15)** oder einfach nur mit einem Schraubenzieher abgewinkelt werden. Dann wird der Schweller einfach abgezogen **(16)** und das Kabel direkt am Teppichrand verlegt **(17).** Hier befinden sich in der Regel bereits werkseitig verlegte Kabelstränge, an die die neuen Kabel direkt angebunden werden. Die Führung hinauf zum Armaturenbrett erfolgt hinter dem Türgummi. Ist die Verkleidung des Türschwellers abmontiert, läßt sich das nur aufgesteckte Gummi leicht abziehen **(18)** und das Kabel einlegen **(19).** Allerdings ist diese Lösung nur bei wenigen, dünnen Kabeln empfehlenswert. Bei mehreren Kabeln muß unter dem Teppich nach hinten verlegt werden.

Autoantennen

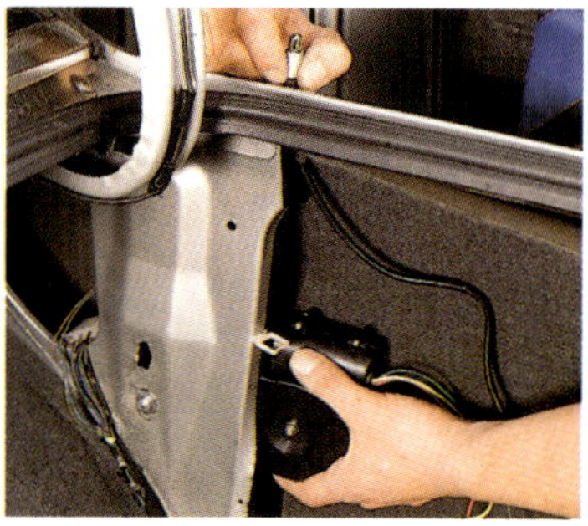

Abb. 1

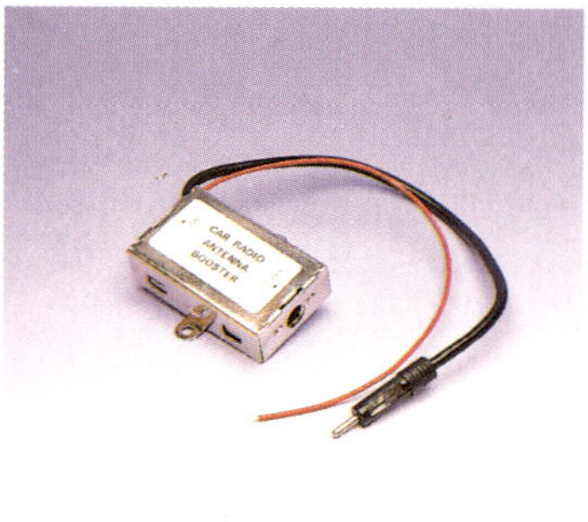

Abb. 2

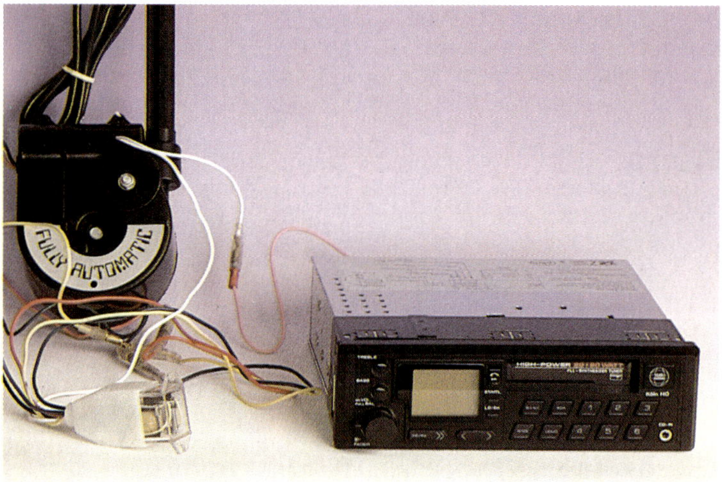

Abb. 3

Radiohören im Auto beginnt mit gutem Empfang – und damit mit einer Antenne. Die unterschiedlichsten Varianten stehen zur Auswahl, von der normalen Stab- über die Dach- bis hin zur Windschutzscheiben-Antenne. Allerdings kann für den nachträglichen Einbau nur die normale Stabantenne, die im Kotflügel montiert wird, empfohlen werden. Denn bei Dach- und Windschutzscheibenantennen gestaltet sich nicht nur der Einbau höchst kompliziert, sondern auch die Leistung beider Antennenarten reicht im Regelfall nicht an die der Stabantennen heran. Drei Grundvarianten stehen bei der normalen Antenne zur Verfügung: die mechanische, die von Hand ein- und ausgezogen werden muß, die halbautomatische, die elektrisch über einen gesonderten Schalter ein- und ausgefahren wird, sowie die automatische, die mit dem Ein- und Ausschalten des Radiogerätes aktiviert wird. Alle Antennen werden in der genormten Bohrung am Kotflügel von unten eingesteckt und dann von oben festgeschraubt **(1).** Ein Tip: Damit beim Festdrehen mit einer Rohrzange die Abschlußmutter nicht verkratzt, umwickeln Sie diese vor dem Festdrehen mit einem Tuch. Für die Verlegung des Antennenkabels sind bei fast allen Fahrzeugarten entsprechende Durchbohrungen und Kabelführungen vorgesehen. Bei einer Heckmontage genügt es nicht, nur ein Antennenverlängerungskabel zu verlegen, zusätzlich muß ein Antennenverstärker **(2)** zwischengeschaltet werden, sonst ist die Leistung nicht ausreichend. Bei elektrischen Antennen ist der Anschluß eigentlich kinderleicht. Von den halbautomatischen Antennen führen zwei Kabel zum mitgelieferten Schalter, der im Innenraum montiert wird. An diesen müssen dann nur noch Plus- und Minusstrom angelegt werden. Bei vollautomatischen Antennen führen drei Kabel zunächst zu einem Relais, das man im Motorraum in der Nähe der Antenne montiert **(3).** Vom Relais gehen dann wiederum drei Kabel ab: jeweils eines für Plus- und Minusstrom, das dritte kommt in die entsprechende Buchse auf der Rückseite des Radiogerätes. Zum Abschluß der Arbeiten muß bei allen Antennen noch der genormte Antennenstecker am Radio eingestöpselt werden.

Radioeinbau

Eine Warnung vorweg: Nehmen Sie sich zum Einbau eines neuen Radios Zeit, und führen Sie alle Schritte sorgfältig durch. Denn eine Großzahl von Geräten – so die Erfahrung von Herstellern – sind durch unsachgemäßen Anschluß schon ruiniert, bevor sie auch nur einmal Töne von sich gegeben haben. Katastrophale Fehler passieren vor allem beim Stromanschluß. Neuere Autoradios verfügen auf ihrer Rückseite neben der Antennenbuchse in der Regel über acht Anschlußbuchsen **(4)**:

- Masse (a)
- Dauerstrom (b)
- Zündstrom (c)
- Schaltstrom für die vollautomatische Antenne (d) und
- vier Lautsprecher (e).

Wird einmal Strom an den falschen Anschluß gelegt, kann das Radio schon irreparabel zerstört sein. Die Anordnung der Stecker unterscheidet sich von Modell zu Modell. Aufschluß geben hier in erster Linie der Schaltplan sowie die Anschlußhinweise in der Bedienungs- oder Montageanleitung des Geräts. Außerdem klebt auf der Oberseite des Radios zumeist noch zusätzlich ein genauer Schaltplan. Den Anschluß erleichtern außerdem genormte Stecker **(4)**. Diese sollten Sie unbedingt verwenden, vor allem auch, um Kurzschlüsse zu vermeiden. Entsprechende Anschlußsets bekommen Sie preisgünstig im Fachhandel.

Abb. 4

In den letzten Jahren wurden fast alle Fahrzeuge ab Werk für den Einbau von Radios vorbereitet, das heißt, alle entsprechenden Kabel wurden vorverlegt sowie zum vereinfachten Anschluß eines Gerätes am Kopfende in einem Stecker zusammengefaßt. Diesen kann man aus dem Einschubfach für das Radio herausziehen **(5)**. Allerdings: Diese Stecker sind nicht einheitlich, je nach Hersteller und Modell sind andere Verbindungen notwendig. Im Handel aber gibt es für alle gängigen Radios und Fahrzeugtypen die entsprechenden Anschlußstekker mit den notwendigen Verbindungen zum Radio **(6)**. Einen kleinen Schönheitsfehler hat das Ganze allerdings: Die Kabel sind nicht durch-

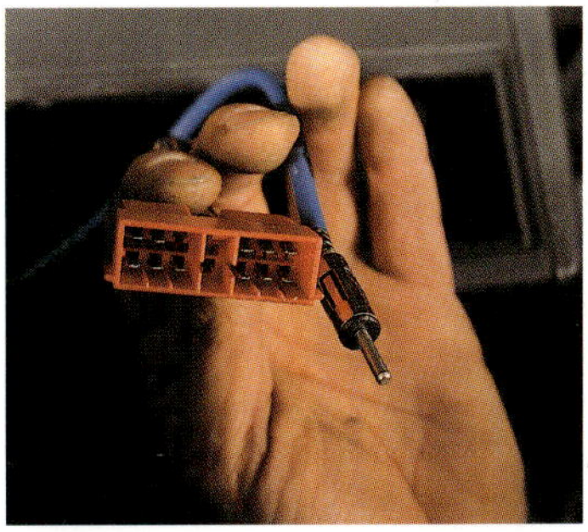

Abb. 5

Abb. 6

gängig beschriftet, man muß unbedingt prüfen, welcher Stecker an welche Buchse gehört. Dazu schaltet man bei angeschlossener Batterie die Zündung aus und sucht zunächst mittels eines Stromprüfers das Kabel für den Dauerstrom **(7).** Die Masse für den Stromprüfer holen Sie sich dabei von der Karosserie. Ist der Dauerstrom gefunden, suchen Sie als zweites den Zündungsstrom. Dazu Zündung anstellen und Strom mit der Prüflampe suchen. Jetzt fehlt noch die Masse. Dazu den Klemmschuh des Prüfers an das Kabel mit dem Dauerstrom anschließen und die verbleibenden Kabel so lange durchchecken, bis das Prüflämpchen leuchtet. Erst wenn Sie ganz sicher sind, welches der drei Kabel wohin gehört, klemmen Sie den Massestrom der Batterie ab. Erst jetzt sollten Sie die Stekker aufsetzen **(8),** denn schon die kleinste Berührung des Gerätegehäuses mit dem Plusstrom kann das Gerät zerstören.

Wenn alle Stromkabel richtig im Gehäuse stecken, schließen Sie die Lautsprecher an. Dabei ist es zunächst nicht wichtig, daß der Lautsprecher links vorne auch wirklich in der Buchse „LV" steckt, sondern nur, daß die Lautsprecher angeschlossen sind. Denn auch fehlende Lautsprecher können dem Gerät zusetzen. Bevor jetzt die Batterie wieder angeschlossen werden darf und das Radio erstmals spielt, müssen Sie sicherstellen, daß das Antennenkabel auch eingesteckt ist, denn vor allem ältere Geräte beziehen zusätzlich über den Antennenanschluß Masse. Wird jetzt der Plusstrom an der Batterie angesteckt und das Gerät angestellt, müßte es einwandfrei spielen. Tut es dies trotz korrekter Überprüfung der Stromzufuhr und richtigem Anschluß der Kabel nicht, muß das Gerät dennoch nicht zwangsläufig defekt sein. Modernere Geräte sind an ihrer Rückseite noch zusätzlich abgesichert. Überprüfen Sie deshalb, ob diese Sicherung eventuell durchgebrannt ist.

Funktioniert das Radio, müssen nur noch die Lautspre-

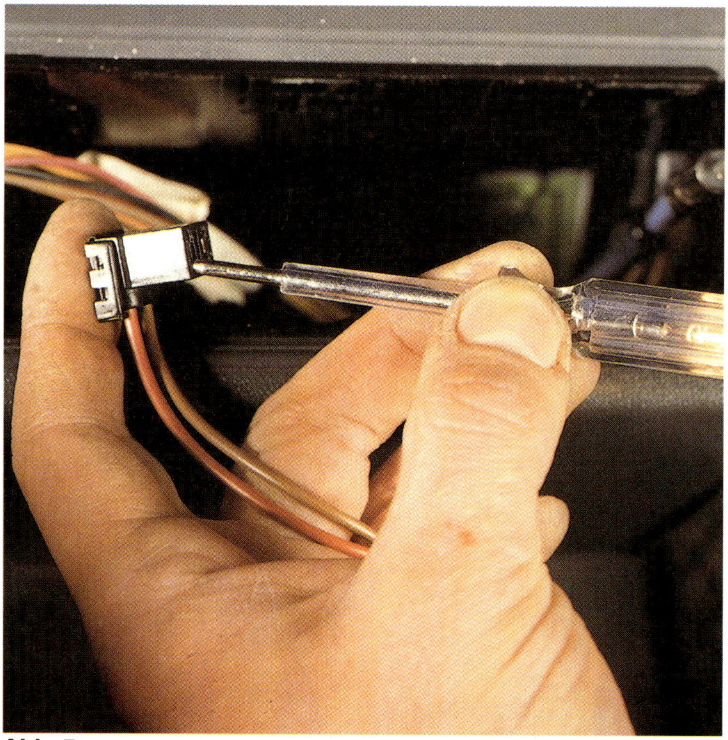

Abb. 7

Abb. 8

Abb. 9

cherkabel richtig angeschlossen werden. Dazu nutzen Sie Balance- und Überblendregler **(9).** Notieren Sie sich auf einem Zettel, welcher Lautsprecher wo klingen sollte und wo er nach dem ersten, provisorischen Anschluß spielt. Dann stellen Sie das Gerät aus, stöpseln die Lautsprecherkabel um und überprüfen den Anschluß erneut mit einer Hörprobe. So wird das Radio korrekt und sicher angeschlossen.Eine Anmerkung noch zum Anschluß bei nicht vorbereiteten Fahrzeugen: Während der Plusstrom direkt von der Batterie stammt – selbstverständlich über die beim Radio mitgelieferte Sicherung abgesichert – und der Minusstrom von der Masse des Fahrzeuges kommt, zapfen Sie den Zündstrom vom Sicherungskasten ab, und zwar an der mit der Zahl 15 bezeichneten Klemme. Soll das Radio auch spielen, wenn die Zündung ausgestellt ist, können Sie statt dessen auch einfachen Plusstrom anlegen.

Für die Befestigung des Radios im Einschubfach ist eigentlich nur noch eine Steckhalterung **(10)** gängig, die in einem Set im Fachhandel angeboten wird. Dieses enthält einen Montagerahmen, eine Einschubarretierung, Sichtblende und Montagebügel. Das Prinzip ist denkbar einfach: An das Radio wird zunächst an den Seiten die Einschubarretierung aufgeschraubt. Dann biegt man die Arretierungsstanzungen am Montagerahmen mit einem Schraubenzieher leicht auf **(11)** und schiebt

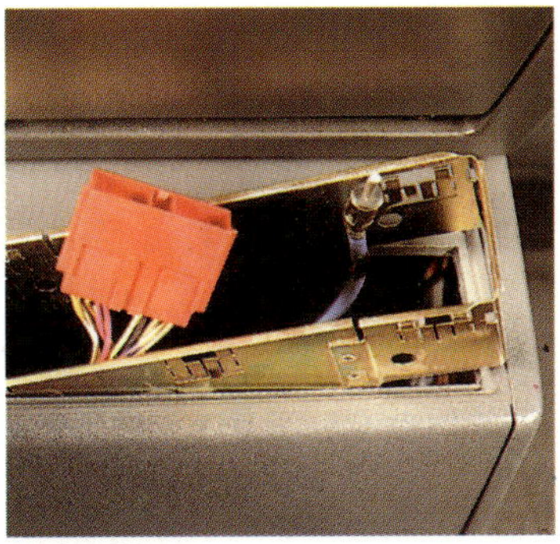

Abb. 10

Abb. 11

Abb. 12

Abb. 13

den Rahmen in die entsprechende Aussparung des Armaturenbretts oder der Mittelkonsole. Schließlich wird das Radio in den Montagerahmen eingeschoben **(12),** und die im Set mitgelieferten Abschlußblenden werden am Radio aufgesteckt. Zum Herausnehmen benötigt man die zwei Bügel, die links und rechts am Radio eingesteckt werden. Unter leichtem Druck nach außen kann dann das Radio an den Bügeln herausgezogen werden **(13).** Ein Wort noch zum Thema Entstörung: In vergangenen Jahren wurden alle Fahrzeuge werkseitig so entstört, daß beim Fahrzeugbetrieb keine Beeinträchtigungen des Radioempfangs auftreten. Sollte dennoch – beispielsweise beim Betrieb des Scheibenwischers – der Klang beeinträchtigt werden, kann man dies durch entsprechende Entstörsätze beheben. Fachverkäufer wissen, welche Entstöreinheit wo bei welchen Störungen montiert werden muß.

Einbau von Lautsprechern

Das Autoradio empfängt zwar die Musik, aber hörbar wird sie erst über die Boxen. Für den Autobereich sind spezielle Boxen und Lautsprechersysteme entwickelt worden, um den spezifischen akustischen Gegeben-

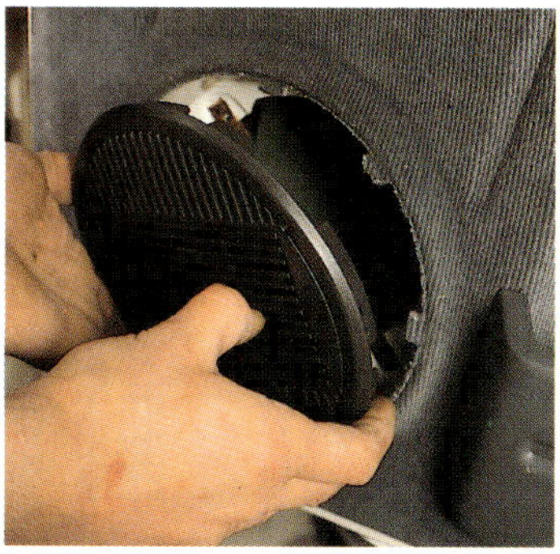

Abb. 1

Abb. 2

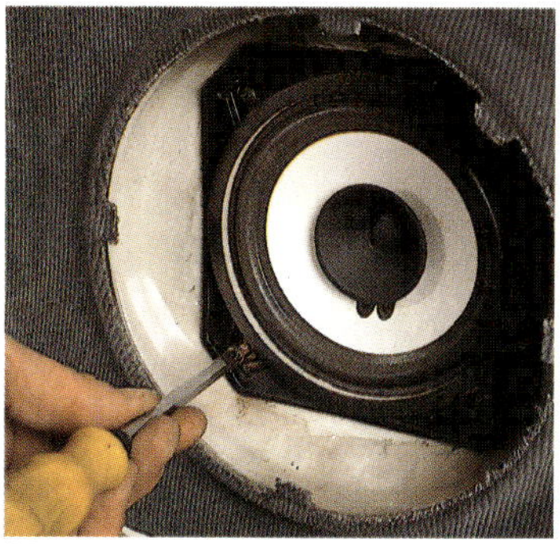

Abb. 3

heiten im kleinen Fahrzeugraum zu genügen. So ist es nicht empfehlenswert, kleine Regalboxen oder Ähnliches aus dem Heim-Stereobereich im Auto zu montieren. Generell unterscheidet man zwei Arten von Boxen: Aufbau- und Einbaulautsprecher. Aufbaulautsprecher werden mit einem festen Chassis geliefert und auf eine Fläche montiert. Einbaulautsprecher hingegen müssen in einen Hohlraum, zum Beispiel eine Tür, integriert werden. Dies hat den Vorteil, daß kein zusätzlicher Raum durch ein großes Chassis in der Kabine verlorengeht. Deshalb sind Einbauboxen besonders beliebt. Klanglich allerdings bieten sie keine Vorteile. Die Unterschiede zwischen verschiedenen Boxen sind, abgesehen von der Einbauweise, deutlich hörbar.
Aus akustischen Gründen kommen nur bestimmte Einbaupositionen für Boxenpaare in Frage. Dazu zählen:

- Armaturenbrett
- vorderer Fußraum
- Vordertüren
- Hintertüren oder hintere Seitenverkleidungen
- hinterer Holm
- Heckablage

Für einen guten Klang empfiehlt es sich, je ein Boxenpaar im vorderen und hinteren Teil der Kabine zu montieren, vorzugsweise auf der Heckablage und in den Türen.

Vorbereiteter Boxeneinbau

In vielen modernen Fahrzeugen haben die Hersteller den Einbau von Boxen vorbereitet, vor allem im Tür- und Heckbereich. Im Handel sind exakt in diese Aussparungen passende Einbauboxen erhältlich. Denn nicht jede Box paßt überall hin – Durchmesser und Einbautiefe variieren erheblich. Beim Kauf der Boxen sollte man Fahrzeug und Ausstattungsart exakt benennen können, um auf jeden Fall Fehlkäufe zu vermeiden.
Treten Unklarheiten über die Größe der Aussparungen auf – beispielsweise bei Sondermodellen oder „Exoten" – empfiehlt es sich, den Fachverkäufer das Fahrzeug besichtigen zu lassen. Die Montage ist in der Regel denkbar einfach: Die Verkleidung wird entfernt, indem man sie entweder abdreht **(1)**, abschraubt oder abwinkelt. Dann wird die Box an die bereits vorverlegten Kabel angeschlossen. Die beiden Kabelanschlüsse sind mit Plus- und Minuszeichen gekennzeichnet. An die breitere Klemme kommt das Pluskabel, an die schmalere das Minuskabel **(2)**. Dann wird die Box mit den mitgelieferten Schrauben in die entsprechenden Bohrungen eingeschraubt **(3)** und schließlich die Verkleidung wieder aufgesetzt.

Anschlußprüfung

Entgegen der weit verbreiteten Annahme, daß es völlig egal sei, welches der Boxenkabel wie angeschlossen wird, spielt die richtige Belegung von Plus- und Minusstrom für den Klang der Box eine entscheidende Rolle. Mit einem kleinen Test kann man den richtigen Anschluß sicherstellen. Dazu klemmt man die Boxenstecker am Radio ab. Der breite Steckeransatz bekommt vom Radio Plus-, der schmalere Minusimpulse. Nun überbrückt man beide Verbindungen zu einer 1,5-Volt-Batterie, die ja auch einen Plus- und einen Minuspol besitzt. In dem Moment, in dem der Lautsprecher von dieser kleinen Batterie Strom erhält, springt der Tieftöner nach vorn oder nach hinten **(4).** Bei richtiger Belegung von Plus- und Minusstrom muß er nach vorne schwingen. Springt der Töner allerdings nach hinten, müssen Sie die Kabel tauschen.

Abb. 4

Lautsprechereinbau

Aber auch wenn werkseitig der Einbau von Türlautsprechern nicht vorbereitet ist, lassen sich ohne großen Aufwand Boxen in die Türverkleidungen integrieren. Welche Boxen in die Türen passen, weiß wiederum der Fachhandel. Sollten Unklarheiten bestehen, sollten Sie sich beim Kauf der Einbauboxen vergewissern, daß der Umtausch kein Problem darstellt. Dann entscheiden Sie sich für ein mittelgroßes Boxenpaar. Falls sich diese bei der Vorbereitung des Einbaus als zu tief oder zu breit erweisen sollten, kann man immer noch zu einem kleineren Paar greifen. Vorbereitung, das heißt vor allem exaktes Festlegen der Einbauposition. Denn gerade bei der Tür kann man die Boxen nicht überall montieren, ohne die Mechanik der Fensterheber zu beeinträchtigen. Im Klartext: Wird die Box an einer flachen Stelle eingebaut, können die Fenster nicht mehr heruntergedreht werden. Zum Festlegen der Einbauposition demontiert man zunächst die Türverkleidung (siehe auch Seite 48) und legt dann bei heruntergedrehtem Fenster die Position fest **(5),** am besten so, daß der Lautsprecher sich nach vorn frei entfalten kann. Dann wird exakt ausgemessen **(6),** und die Maße werden schriftlich festgehalten, damit die Boxen auf der anderen Tür genauso montiert werden können. Danach mit der Schablone die Öffnung markieren **(7)**, und mit einer Säge die Aussparung aussägen **(8).** Ist die Türverkleidung mit einem Tuch bespannt, so schneidet man dieses zuvor sauber mit einem Messer

Abb. 5

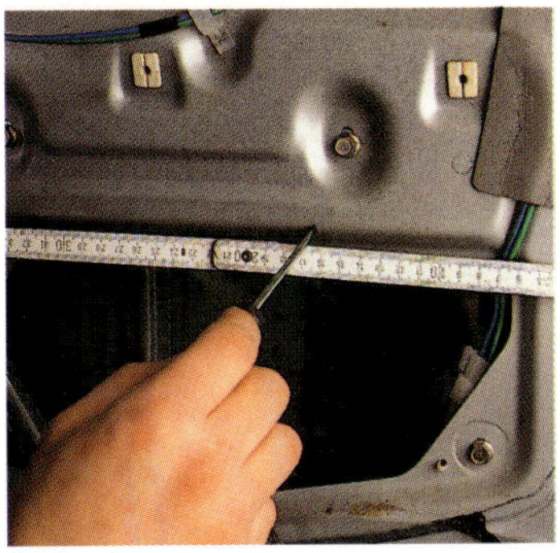
Abb. 6

Abb. 7

Abb. 8

Abb. 9

ein, damit die Kanten beim Sägen nicht ausfransen. Am Rand der Löcher werden dann die der Box beigelegten Klemmen aufgesteckt **(9),** die Boxen eingesetzt und verschraubt **(10).** Zu guter Letzt wird dann die Sichtblende aufmontiert **(11)**, (zumeist Drehverschluß,

Abb. 10

Abb. 11

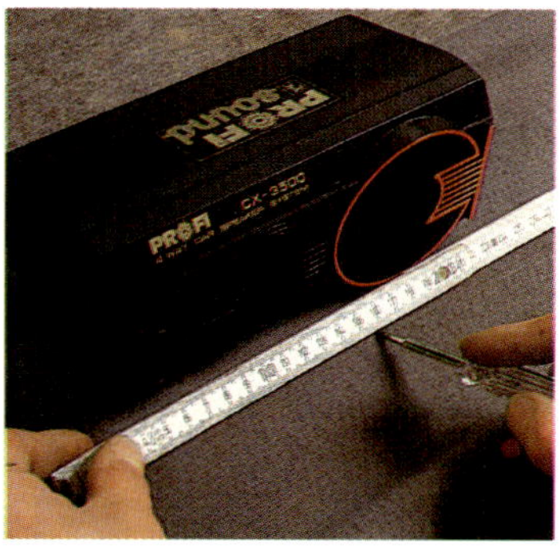

Abb. 12

gelegentlich ist sie auch verschraubt).
Werden auf der Heckablage Boxen montiert – seien es Einbau- oder Aufbau-Lautsprecher –, sind exakt gleiche Abstände zur Heckscheibe und zu den Seitenteilen aus akustischen Gründen äußerst wichtig **(12).** Bei der

Abb. 13

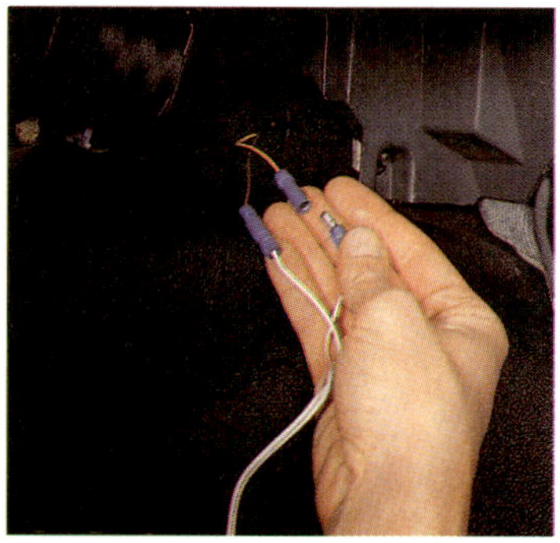

Abb. 14

Heckmontage sollte man der Kabelführung gesonderte Aufmerksamkeit widmen, denn ob Hut- oder Heckablage: Die Kabel hängen, falls sie nicht mit entsprechenden Klammern sauber verlegt **(13)** oder mit einer Klebepistole verklebt werden, leicht in den Kofferraum durch. Beim Ein- und Ausräumen werden sie dann schnell ausgerissen. Und noch ein Tip bei der Heckablagen-Montage: Soll diese gegebenenfalls auch gänzlich ausgebaut werden können, empfiehlt es sich, die Boxenkabel an der Seite mit einer Steckverbindung zu unterbrechen **(14),** und zwar so, daß die Boxen leicht abzukoppeln sind und die ganze Ablage entfernt werden kann.

Car-Hi-Fi

Bei einer elektrischen Antenne oder einem Radio mit Kassettenrecorder und vier Lautsprecherboxen erschöpft sich heute das Thema „Autosound" noch lange nicht. Unter dem Slogan „Car-Hi-Fi" hat die Unterhaltungselektronik in den vergangenen Jahren ein Geräteangebot entwickelt, das aus Hunderten von Einzelkomponenten besteht. Für Spitzenklang im Fahrzeug lassen sich heute leicht ein paar tausend Mark ausgeben.
Allerdings ist nicht alles, was in den Händlerregalen mit Watt- und Soundversprechen für sich wirbt, sein Geld wert – oder paßt zum entsprechenden Auto oder zu bereits vorhandenen Teilen wie Radio oder Boxen.
Wer mit dem Klang seiner Auto-Stereoanlage nicht zufrieden ist, sollte zunächst bei den Boxen beginnen. Sie stellen in der Regel die größten Schwachstellen beim Autosound dar. Bei den von den Fahrzeugherstellern eingebauten Lautsprechern handelt es sich meistens um Billigprodukte. Im Fachhandel weiß man wie gesagt, was besser klingt und leicht eingebaut werden kann, ohne daß irgend etwas aufgesägt oder demontiert werden muß. Aufschluß über die Qualität von Lautsprechern geben vor allem Hi-Fi-Testzeitschriften. Hier finden sich sogar Angaben, welche Boxen sich nach diversen Tests für welche Fahrzeuge als am besten geeignet gezeigt haben.
Ein Boxenwechsel bringt in der Regel weitaus mehr als der Kauf von neuen Radiogeräten – mit einer Ausnahme: Sind die Tonköpfe des Kassettenteils ruiniert, nützen beim Kassettenbetrieb auch die besten Lautsprecher nichts. Dies läßt sich leicht feststellen, indem man den Klang des Radios mit dem vom Kassettenrecorder vergleicht.
Generell aber gilt: Erst bessere Boxen, dann ein besseres Radio, und ganz zum Schluß erst weitere Komponenten wie zusätzliche Verstärker. Denn im Prinzip klingt ein gutes Markenradio allemal besser als ein No-Name-Produkt, auch wenn es durch dekorative Booster oder Equalizer aufgewertet wird. Zusatzverstäker bringen nur dann eine Verbesserung, wenn sie in ein aufeinander abgestimmtes Car-Hi-Fi-System integriert werden. Die Abstimmung ist dabei so fein, daß selbst Markengeräte sich nicht beliebig kombinieren lassen – geschweige mit No-Name-Geräten einen Spitzenklang erzeugen. Zumeist entfalten Car-Hi-Fi-Komponenten nur mit den Brüdern und Schwestern aus dem eigenen Stall die gewünschte Klangqualität. Solche Car-Hi-Fi-Systeme gehen allerdings schon richtig ins Geld. Auch bei kleinen Ausführungen ist die Tausend-Mark-Grenze schnell erreicht. Wer mit einer solchen Anlage liebäugelt, sollte sie allerdings nicht selbst einbauen. Denn Car-Hi-Fi-Experten wissen, wie sie auch den letzten Funken Klangqualität aus einer Anlage herauskitzeln können, sei es durch eine spezielle Einbauposition von neuen Boxen, durch zusätzliche Dämmungen oder spezielle Kabel.
Apropos Kabel: Die werksmäßig verlegten Kabel genügen Hi-Fi-Ansprüchen nicht. Zum optimalen Sound gehören nicht nur Spitzen-Geräte und -Boxen, sondern auch entsprechende Kabel. Auto-CD-Wechsler werden in der Regel nur im Rahmen von teuren Car-Hi-Fi-Systemen angeboten. Es geht allerdings auch preiswerter, indem man einen tragbaren CD-Player über eine Adapter-Audiokassette und das Kassettenteil des Autoradios betreibt. Hier ist man unter Umständen schon für die Hälfte des Geldes dabei, das für einen speziellen Auto-CD-Player verlangt wird, und der Klang ist – bei gutem Kassettenteil – nicht einmal hörbar schlechter.

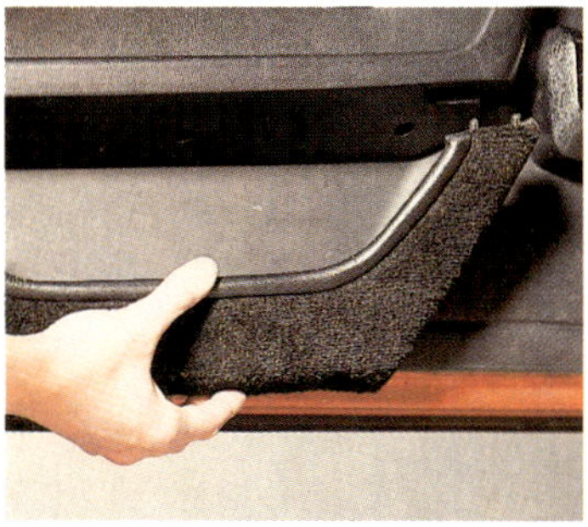

Abb. 1

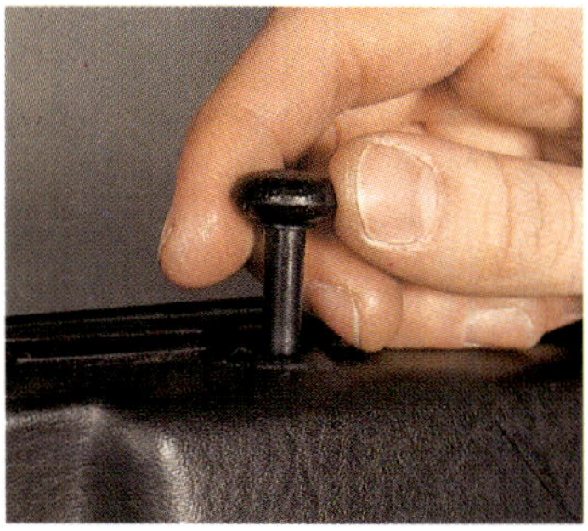

Abb. 2

Abb. 3

Abb. 4

Abb. 5

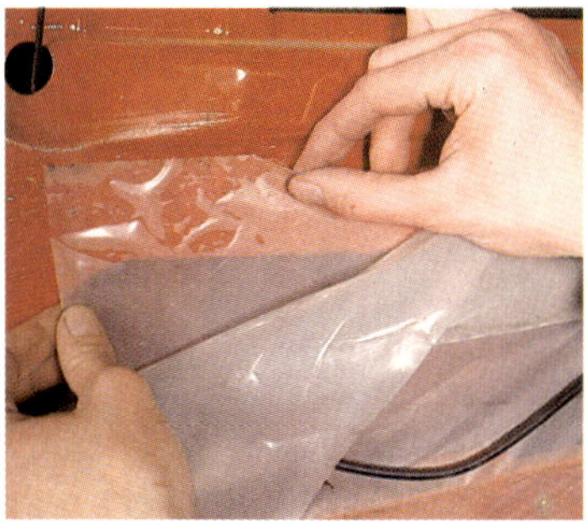

Abb. 6

Ausbau der Türverkleidung

Ob Türlautsprecher, elektrische Fensterheber oder Zentralverriegelung, zum Einbau gehört der Ausbau der Türverkleidung. In fast allen Fahrzeugen ist die Montageart ähnlich. Bevor die eigentliche Verkleidung entfernt werden kann, müssen zunächst die Auf- und Anbauelemente wie die Armlehne und Verriegelungselemente für das Türschloß demontiert werden. Die Lehne wird mit mehreren großen Kreuzschlitzschrauben gehalten. An der Unterseite der Lehne sind schräge Einbohrungen sichtbar, in die ein großer Kreuzschlitzschraubendreher eingeführt wird. Die Schrauben sind sehr fest angezogen. Nach dem Entfernen des Rahmens **(1)** sowie von eventuell mit ihm verbundenen Ablagen (ebenfalls meist mit Kreuzschlitzschrauben montiert) dreht man den Verriegelungsknopf des Türschlosses heraus **(2).** Der eigentliche Entriegelungsgriff wird nicht entfernt, dafür aber die ihn umgebende Blende. Zunächst wird die Abdeckschale mit einem kleinen Schraubenzieher aus der dafür vorgesehenen Vertiefung herausgewinkelt **(3).** Dabei wird eine Kreuzschlitzschraube freigelegt, die anschließend herausgedreht werden muß **(4).** Nachdem auch die Fensterkurbel abgeschraubt wurde (zuvor Plastikummantelung abwickeln), liegt die eigentliche Türverkleidung frei. Sie ist in den meisten Fällen nur an wenigen Stellen verschraubt. So muß man zunächst den Rand der Verkleidung nach möglichen Schrauben absuchen. An den meisten Stellen aber ist die Verkleidung nur aufgesteckt. Nachdem die Schrauben entfernt sind, winkelt man die Verkleidung vorsichtig mit einem Schraubenzieher heraus **(5).** Im Fachhandel sind auch spezielle Abwinkler erhältlich, bei denen die Wahrscheinlichkeit, daß man beim Abwinkeln eine Halterung aus der Verkleidung reißt, sehr gering ist. Liegt die Verkleidung frei, wird sie nach oben herausgenommen. Oft sitzt die Verkleidung zu den Fensterschlitzen sehr straff, deshalb muß eventuell hier noch einmal vorsichtig gewinkelt werden. Generell gilt bei der Demontage der Verkleidung: Niemals reißen, sondern langsam lösen. Denn reißen die Halterungen der Verkleidung aus oder wird sie beschädigt, muß sie ersetzt werden – kein preiswertes Vergnügen. Unter der Verkleidung ist eine dünne, durchsichtige Folie auf der Tür aufgeklebt. Mit ihr gilt es besonders vorsichtig umzugehen, erfüllt sie doch keinen dekorativen Zweck, sondern schützt die Tür äußerst effektiv gegen Rost. Aber der ganze Schutz ist dahin, wenn die Folie einreißt oder nicht wieder richtig aufgeklebt wird. Auf der anderen Seite läßt sie sich leicht entfernen **(6)** und wieder aufkleben. Vor der Wiedermontage sollten Sie nicht versäumen, die eventuell verstopften Abflußlöcher am Türboden zu reinigen, eventuell vorhandene Roststellen auszubessern (siehe auch Seite 70) und die Tür von innen neu mit Hohlraumversiegelung gegen weiteren Rost zu schützen.

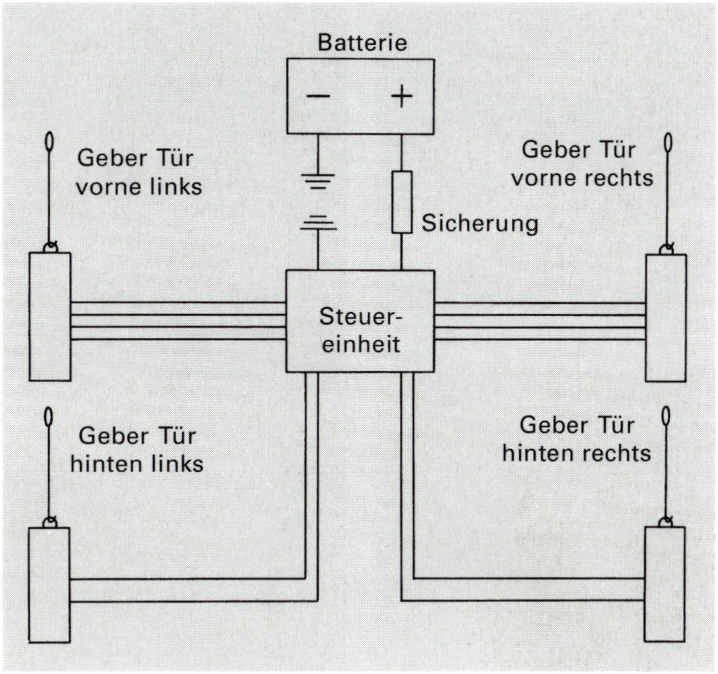

Abb. 1

Zentral-verriegelung

Für den nachträglichen Einbau einer Zentralverriegelung stehen, je nach Zahl der Türen, verschiedene Varianten zur Auswahl: Von Sets mit zwei Stellmotoren für Zweitürer bis zu Einbaupaketen mit fünf Steuereinheiten für ein viertüriges Fahrzeug mit Heckklappe. Der nachträgliche Einbau ist prinzipiell recht einfach: In jede Tür wird an die Verriegelungsmechanik ein Stellmotor montiert. Alle Stellmotoren sind über zwei Kabel mit einer Steuereinheit verbunden, Fahrer- und Beifahrertür mit zwei weiteren, damit von ihnen aus die Zentralverriegelung aktiviert werden kann. Die elektronische Steuereinheit muß darüber hinaus an den Plus- und Minusstrom angeschlossen werden, wobei die Plusstromleitung über eine im Set mitgelieferte Sicherung abgesichert wird **(1)**.
Bei einer zweitürigen Variante entfallen also gegenüber der viertürigen nur die beiden hinteren Geber. Bei der Variante für vier Türen läßt sich die Zentralverriegelung nur von der Fahrer- und der Beifahrertür aus auslösen, die hinteren Türen schließen und öffnen sich zwar mit, von ihnen aus können aber die anderen Türen weder ent- noch verriegelt werden.
Vor dem eigentlichen Einbau der Zentralverriegelung müssen alle Türverkleidungen abmontiert werden (siehe Seite 48). Der Einbau der Stellmotoren erfolgt nacheinander. Die Kernschwierigkeit beim Einbau liegt in der optimalen Poisitionierung der Stellmotoren in den Türkörpern. Da die Geber nicht mit kraftstrotzenden Motoren ausgestattet sind, müssen sie möglichst so eingebaut werden, daß sie die Verriegelungsmechanik des Türschlosses leicht öffnen und schließen können. Das bedeutet, sie müssen möglichst in der lotrechten Verlängerung des Türknopfes arbeiten. Die gesamte Schließmechanik der Tür wird über Stangen aktiviert.

Abb. 2

Abb. 3

Abb. 4

Auch der Türknopf ist mittels einer Stange mit dem eigentlichen Schloß verbunden. An diese Stange wird der Motor über eine Verbindungsstange angeschlossen. Zunächst nimmt man eine der mitgelieferten Verbindungsstangen zur Hand und bringt sie in die Lotrechte zur Verriegelungsstange **(2).** In der Tür kann man die Verbindungsstange meistens in eine Öffnung des Schlosses einhängen **(3).** In der lotrechten Verlängerung der Stange sollte jetzt eine Einbauposition für den Stellmotor gefunden werden **(4).** Da dies aber in der Regel nicht möglich ist, muß man eine Position suchen, die zumindest einigermaßen parallel und hintereinander verläuft **(5).** Damit dies möglich wird, werden im Set Lochhalterungen für die Motoren mitgeliefert, die man so verbiegen kann, daß der Motor in eine relativ gute Position gebracht wird **(6).**
Bevor Sie den Stellmotor endgültig einbauen **(7),** sollten Sie seinen Sitz noch einmal überprüfen und sicherstellen, daß auch der Mechanismus der Fensterscheibe nicht durch den Einbau des Stellmotors gestört wird. Der eigentliche Einbau gestaltet sich recht einfach. Der Stellmotor wird an der Lochstange durch die dafür vorgesehenen Bohrungen mit zwei Schrauben befestigt, die Lochstange selbst dann am Türkörper verschraubt. Zur Vereinfachung der Montage wird im Set eine Bohrschablone mitgeliefert. Die Bohrungen sollten nicht zu groß ausfallen, damit die kleinen Halterungsschrauben anschließend nicht zu locker sitzen.
Ist der Stellmotor fest im Türkörper verankert, wird die Verbindungsstange zwischen ihm und der Verriegelungsstange des Türverschlusses montiert. Dazu muß die Verbindungsstange der Einbausituation angepaßt werden. Zunächst wird sie so gebogen **(8),** daß sie an den Motor eingehängt **(9)** und oben parallel zur Verriegelungsstange montiert werden kann. Das Biegen der Stange kann per Hand erfolgen. Sollte die Stange zu lang sein, wird sie mit einer Kneifzange um das entsprechende Stück gekürzt.
Achten Sie darauf, daß sich sowohl der Türknopf als auch der Stellmotor in der Position „entriegelt" befinden.

Abb. 5

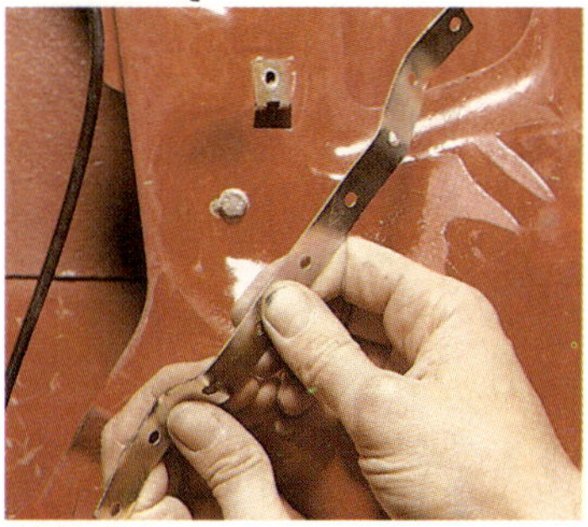
Abb. 6

Abb. 7

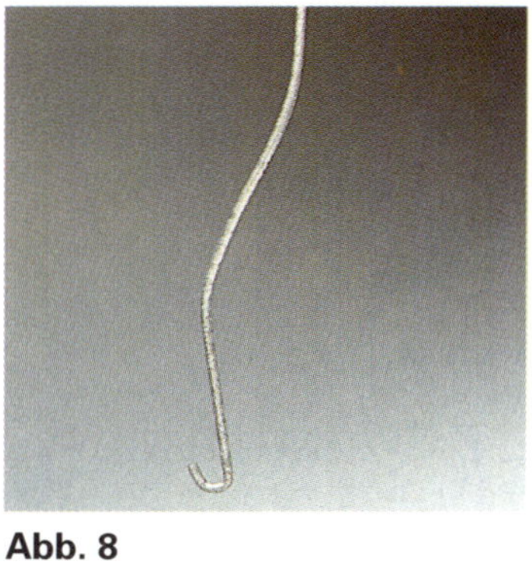
Abb. 8

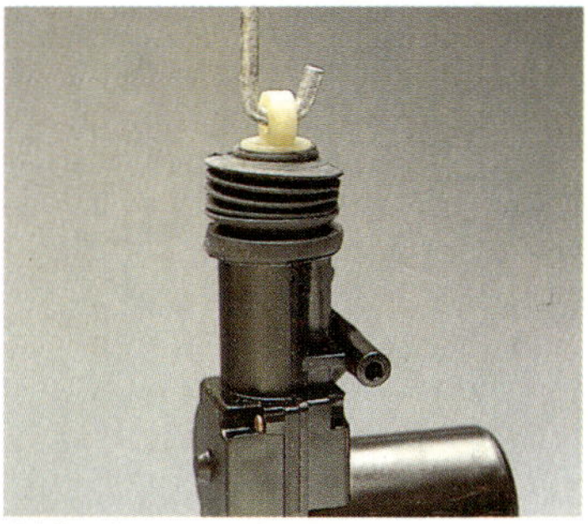
Abb. 9

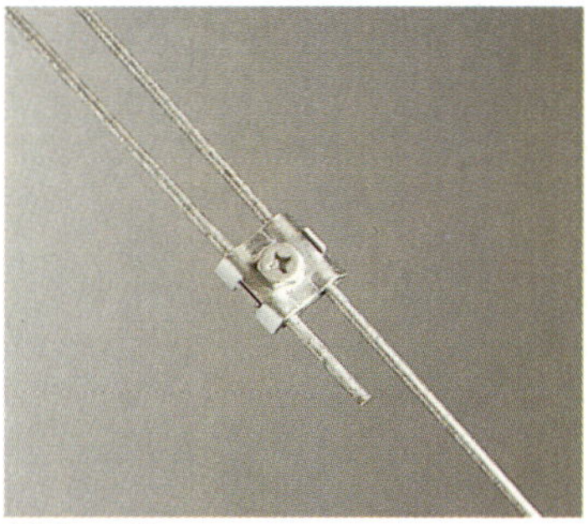
Abb. 10

Abb. 11

Abb. 12

Ansonsten besteht die Gefahr, daß Sie die Stange zu weit einkürzen, so daß die Zentralverriegelung anschließend nicht arbeiten kann. Der Anschluß der Verbindungsstange an die Verriegelungsstange erfolgt über eine im Set mitgelieferte Befestigungsklemme. Abbildung **(10)** zeigt das Montagesystem der Befestigungsklemme, Abbildung **(11)** die zwei in der Tür verbundenen Stangen.
Zum Schluß müssen an jeder Tür die Kabel zum Innenraum durchgeführt werden **(12).** Bestehen dafür werkseitig keine Bohrungen im Türkörper, muß in der Regel ein Loch mit einem Durchmesser von zirka 9 Millimetern gebohrt werden, in das dann die im Set zum Kabelschutz mitgelieferten Gummiringe eingesetzt werden. Sind alle Stellmotoren angebracht, werden die Kabel zur Steuereinheit verlegt, die man sinnvollerweise an einer geeigneten Stelle unterhalb des Armaturenbretts befestigt. Erst ganz zum Schluß wird die elektronische Steuereinheit dann an das Stromnetz angeschlossen. Vor der Wiedermontage der Türverkleidung empfiehlt sich ein Funktionstest.

Elektrische Fensterheber

Elektrische Fensterheber zum nachträglichen Einbau werden vom Zubehörhandel in zwei Varianten angeboten: in der sogenannten „Original-Version", bei der die Motoren in die Tür eingebaut werden, und in einer Aufbau-Version, in der auf den Kurbelbolzen ein Kasten mit Motor aufgesetzt wird. Die zweite Montageart ist preisgünstiger und einfacher durchzuführen, hat aber einige Nachteile: Es handelt sich in der Regel um Billigprodukte mit nur relativ schwachen Motoren, so daß sie nur bei kleineren und damit leichteren Scheiben eingesetzt werden können. Sie arbeiten nicht so verläßlich, vor allem langsamer als Fensterheber zum Einbauen, und sie sind optisch nicht sonderlich attraktiv. Zu diesen Fensterhebern kann also nur bedingt geraten werden. Auskunft, ob die Leistung der entsprechenden Motoren für größere und schwerere Fenster ausreicht, erteilt der Fachhandel.
Neben der Variante Einbau- oder Aufbau-Fensterheber gilt es noch die entsprechende Version für Ihren Wagentyp auszuwählen. Die Kurbelhilfen werden in Montagesets für zwei- oder viertürige Fahrzeuge im Set angeboten, also mit zwei oder vier Hebern. Dabei kann auch in ein viertüriges Fahrzeug die Zweierversion – beispielsweise nur für Fahrer- und Beifahrertür – eingebaut werden.
Zum Schaltplan: Damit jeder Festerheber einzeln betätigt werden kann, muß sein Motor auch an einen gesonderten Schalter angeschlossen werden. Zu jedem Motor führen zwei Leitungen, durch die – je nachdem, ob das Fenster hoch oder heruntergefahren werden soll – wechselweise Strom geführt wird. Jeder Schalter wiederum benötigt eigenen Plus- und Minusstrom, aber gleich ob zwei oder vier Motoren angeschlossen werden – der Plusstrom muß nur über eine Hauptsicherung abgesichert werden **(1)**. Je nach Anforderung können auch mehrere Schalter für einen Fensterheber parallel geschaltet werden, so daß beispielsweise von der Fahrerseite und von

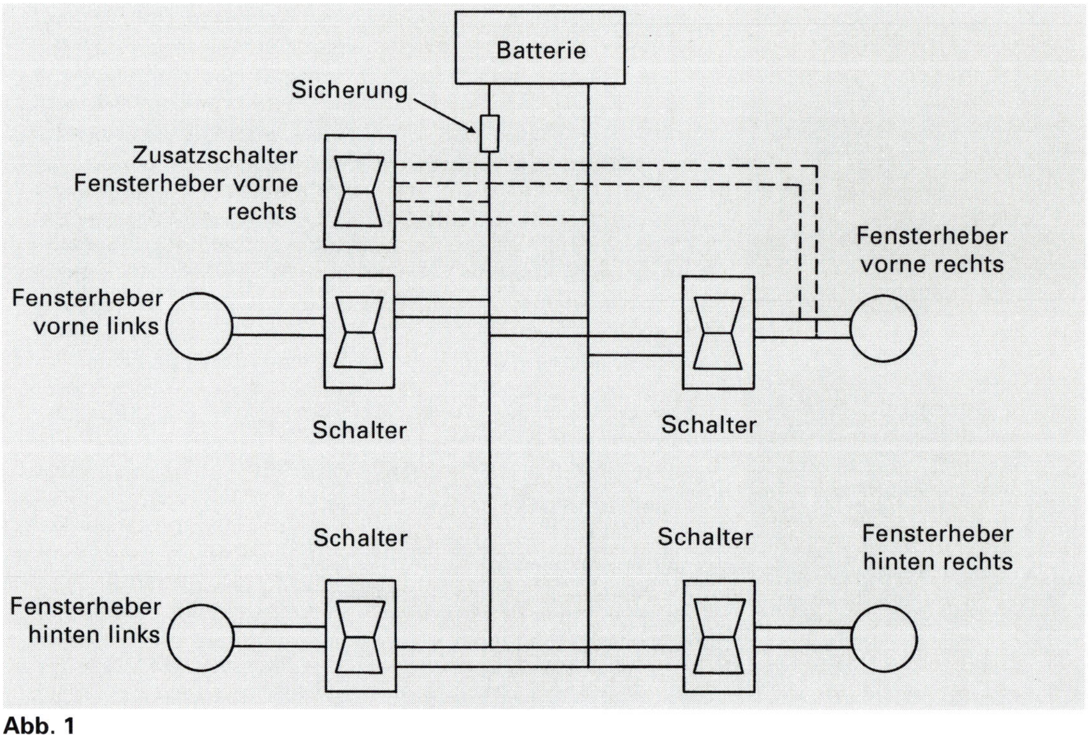

Abb. 1

der betreffenden Tür aus der Fensterheber für die Beifahrertür betätigt werden kann (im Schaltplan gestrichelt eingezeichnet). Bei Aufbau-Fensterhebern mit integrierten Schaltern fällt die Einzelbelegung der Schalter fort. Dafür müssen die aus dem Gehäuse führenden Kabel nach der Montageanleitung zusammen- und an die Batterie angeschlossen werden.

Abb. 2

Da die Montage von Aufbau-Kurbelhilfen äußerst einfach ist – der entsprechende Kasten muß nur auf den Kurbelbolzen aufgesetzt und mit der Türverkleidung verschraubt werden –, wird hier nur auf die Befestigung von Einbau-Fensterhebern eingegangen.
Nach der Demontage der Türverkleidung (siehe auch Seite 48) wählen Sie aus dem

Abb. 3

Abb. 4

Set den passenden Mitnehmer für den Kurbelbolzen Ihres Fahrzeugtyps aus und stecken ihn auf **(2).** Bei manchen Modellen muß der Mitnehmer mit der Originalschraube des Kurbelbolzens befestigt werden. Auf den Mitnehmer stecken Sie dann das Getriebe des Fensterhebers auf.
Achtung: Je nach Drehsinn der Kurbel entsprechendes Getriebe aufsetzen (Kennzeichnung auf dem Getriebe).
Bei der Montage spielt es keine Rolle, in welcher Position sich die Scheibe befindet, also ob sie heruntergedreht ist oder nicht. Beim Aufsetzen des Getriebes muß eine der mitgelieferten Kegelfedern zwischengesetzt werden **(3).** Das Getriebe wird in der Regel von einer Schaumstoffdämmung ummantelt, die nicht vergessen werden sollte **(4).**
Nach dem provisorischen Aufstecken des Getriebes wird dieses durch den mitgelieferten Schlauch, in dem sich eine Welle befindet, mit dem Motor verbunden **(5)** und dann im unteren Teil des Türkörpers eine entsprechende Einbauposition für den Motor gesucht. Damit die Fensterheber einwandfrei arbeiten können, darf der Krümmungsradius des Schlauchs nicht zu klein sein und er darf keine Knickstellen aufweisen. Wird auf diese Art und Weise die Grundposition des Motors und des Getriebes gefunden, können beide montiert werden. Da beim Betrieb doch erhebliche Kräfte auftreten, sollten sowohl das Getriebe

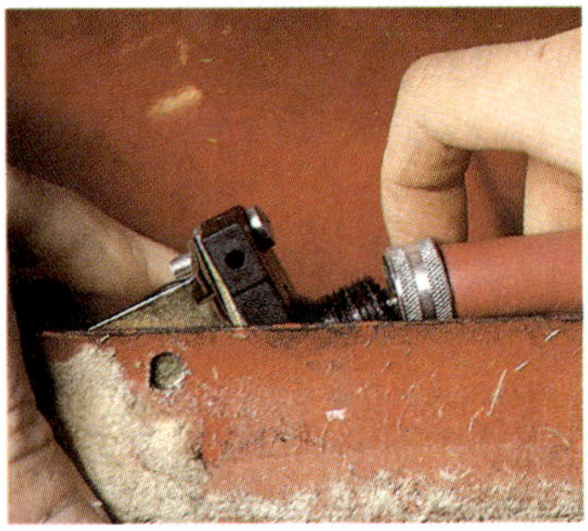

Abb. 5

Abb. 6

Abb. 7

Abb. 8

Abb. 9

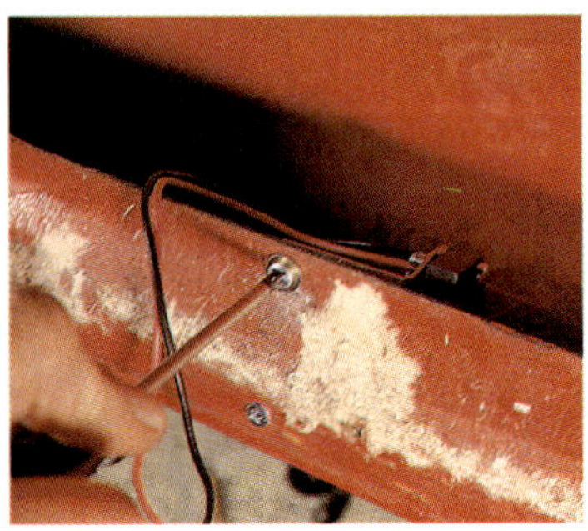

Abb. 10

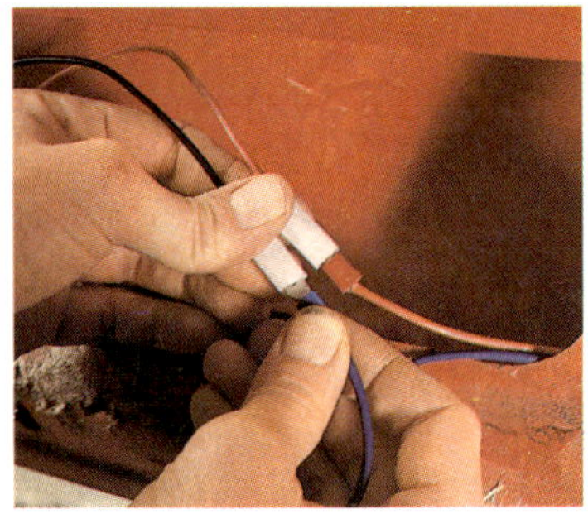

Abb. 11

Abb. 12

Abb. 13

als auch der Motor ordentlich und fest mit der Tür verschraubt werden. Die Montage des Getriebes **(6)** erfolgt über einen verbiegbaren Bügel, für den zunächst eine gute Halterungsposition gesucht wird, bevor er mit Karosserieschrauben befestigt wird **(7).** Darüber hinaus muß das Getriebe auf dem Bolzen angezogen werden. Dies erfolgt zunächst provisorisch. Für die Montage des Motors werden zunächst über die mitgelieferte Schablone die Bohrungen markiert **(8).** Dann wird gebohrt **(9)** und der Motor im Türkörper verschraubt **(10).**

Jetzt geht es an den Leitungsbau. Die beiden Stromkabel für jeden Motor **(11)** werden – wie beim Einbau der Zentralverriegelung beschrieben – durch Bohrungen zum Fahrzeuginnenraum geführt.

Dann werden die geeigneten Positionen für die Schalter gesucht. Beliebt, aber nicht ganz einfach zu realisieren ist der Einbau der Schalter in die Armlehnen der Tür **(12).** Der Nachteil: Selbst bei einer zweitürigen Version wird die Montage eines zweiten Schalters auf der Fahrerseite für das Beifahrerfenster notwendig. Deshalb ist die einfachste und beste Version die Montage beider Schalter in der Mittelkonsole **(13)** oder in der Mitte des Armaturenbretts. Bevor Sie allerdings die Mittelkonsole zum Einbau der Schalter aufschneiden, sollten Sie sich vergewissern, ob die Einbautiefe für die Schalter auch ausreicht. Beim Verlegen der

Abb. 14

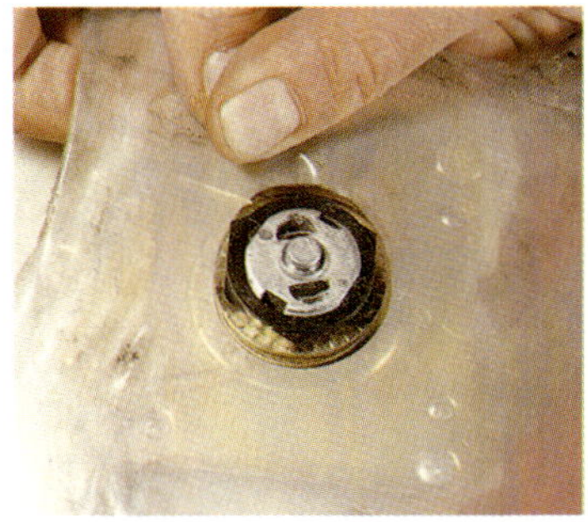

Abb. 15

Abb. 16

Kabel ist äußerst sorgsam vorzugehen, da durch alle Leitungen Plusstrom fließt – mit Ausnahme des gemeinsamen Masseanschlusses. Nach der Montage erfolgt eine erste Funktionsprüfung. Dabei ist es wichtig, darauf zu achten, ob die Kupplung des Getriebes bei ganz heruntergefahrenen oder hochgefahrenen Fenstern durchrutscht. Wenn nicht, müssen Sie mit Hilfe der mitgelieferten Kurbel die Kupplung, das heißt die zentrale Schraubverbindung des Getriebes auf dem Kurbelbolzen nachjustieren. Stimmt die Einstellung, sollte der Fensterheber mehrmals betätigt werden und geprüft werden, ob die Kupplungseinstellung sich nicht verändert. Eventuell muß dann erneut nachjustiert werden.

Bevor Sie nun die Türverkleidung wieder einbauen, müssen Sie eventuell diese noch mit der dem Set beigelegten Schablone so ausschneiden **(14)**, daß die Verkleidung die Funktion des Getriebes nicht beeinträchtigt **(15)**. Auf die fertig montierte Tür wird zum Schluß an dieser Stelle eine Blende aufgesetzt **(16)**.

Zusatzinstrumente

Ob Kühlmitteltemperaturmesser oder Öldruckanzeiger, ob Drehzahlmesser oder Außentemperaturanzeiger – fast alle Zusatzinstrumente werden so angeboten, daß verschiedene Anbringungsmöglichkeiten offenstehen. Man unterscheidet Aufbau, Unterbau und Einbau. Bei Auf- und Unterbau wird eine der Armatur beigelegte Halterung entweder auf oder unter dem Armaturenbrett angebracht, beim Einbau der Anzeiger in eine frei vorgestanzte und genormte Bohrung zumeist in der Mittelkonsole eingefügt. Beim Unterbau muß die Halterung verschraubt werden. Man bestimmt zunächst die Einbauposition, indem man die Halterung auf der Verkleidung unterhalb der Lenksäule aufhält und anzeichnet. Zur Montage wird die Verkleidung, die zumeist mit mehreren Kreuzschlitzschrauben gehalten wird, abmontiert **(1)**, der Anzeiger aufmontiert und dann mit der Verkleidung wieder angebracht **(2)**. Beim Einbau wird zunächst das entsprechende Konsolenteil so gelöst, daß das Instrument nicht nur von vorn eingeschoben **(3)**, sondern auch von hinten mit der Gegenhalterung festgeschraubt werden kann **(4)**. Beim Aufbau ist es – bei einer geraden Fläche auf dem Armaturenbrett – oft nicht einmal nötig, die Halterung festzuschrauben. Es reicht dann durchaus, die Halterung mit dem mitgelieferten doppelseitigen Klebeband an die entsprechende Stelle aufzukleben.

Drehzahlmesser

Drehzahlmesser werden parallel zur Zündspule angeschlossen. Bei jeder Unterbrechung des Primärstroms, entsprechend den Motordrehzahlen, erhält der Drehzahlmesser einen Impuls. Den setzt das Instrument dann in eine Anzeige der Drehzahlen pro Minute um. Da dieses Nachrichtensystem seine Informationen von der Zündung erhält, muß es auch auf sie – und damit auf den Motor – abgestimmt

Abb. 1

Abb. 2

Abb. 3

Abb. 4

Abb. 5

sein. Die meisten Drehzahlmesser, die im Handel angeboten werden, sind auf eine 12-Volt-Stromanlage und einen vierzylindrigen Motor ausgerichtet. Sollte Ihr Fahrzeug andere Werte aufweisen, müssen Sie sich beim Kauf vergewissern, ob der entsprechende Drehzahlmesser auch bei Ihrem Fahrzeug funktioniert. Der Anschluß ist einfach. Der Anzeiger wird an Plus- und Minusstrom angeschlossen, seine Informationen erhält er über ein Kabel an Klemme 15 der Zündspule, und seine Nachtbeleuchtung erhält ihren Strom zusammen mit den anderen Instrumenten **(6)** (durch eine Abzweigverbindung von der Armaturenbeleuchtung).

Öldruck

Öldruckmesser geben zusammen mit Ölthermometern einen sehr guten Aufschluß über den Zustand des Schmiersystems im Motor. Allerdings bedeutet die Anzeige „hoher Öldruck" nicht gleichzeitig, daß es dem Motor zur Zeit besonders gutgeht. Denn im kalten Zustand ist das Öl noch nicht ausreichend dünnflüssig. Und das wiederum bedeutet: Es besitzt noch keine hohe Schmierfähigkeit. Bei kalten Motoren zeigt der Öldruckmesser so zunächst sehr hohen Druck an, der dann mit steigender Motortemperatur konstant abfällt und sich auf einen Normwert von rund einem Kilopond pro Kubikzentimeter festlegt. Auf der anderen Seite lassen sich aber auch Schwankungen der Ölmenge im Motorsystem registrieren.
Zum nachträglichen Einbau eignen sich nur elektrische Öldruckmesser.
Der Geber für die Anzeige muß direkt in den Motorblock verschraubt werden. Dafür gibt es werkseitige Standardbohrungen mit Gewinde. Nicht genormt ist allerdings die Einbauposition. Diese sollten Sie beim Fachhändler erfragen. Der weitere Anschluß ist nicht kompliziert. Neben der Verbindung mit dem Geber muß je ein Kabel zu Plus- und Minusstrom sowie zur Armaturenbeleuchtung verlegt werden **(7)**.

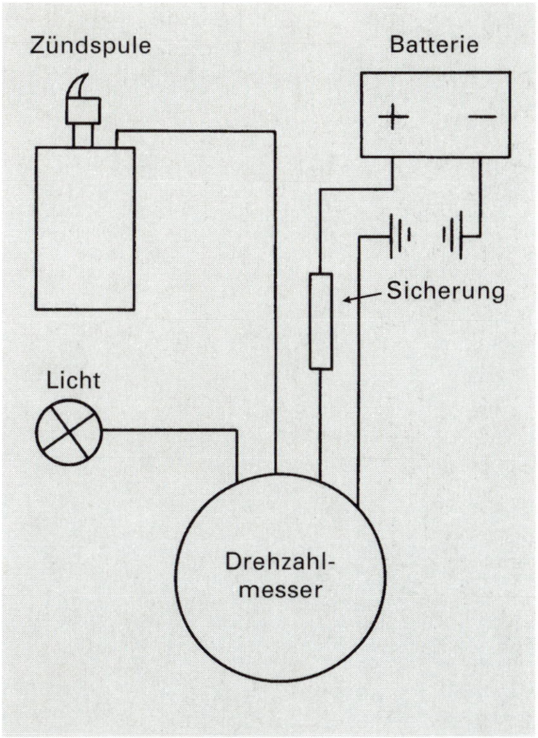

Abb. 6

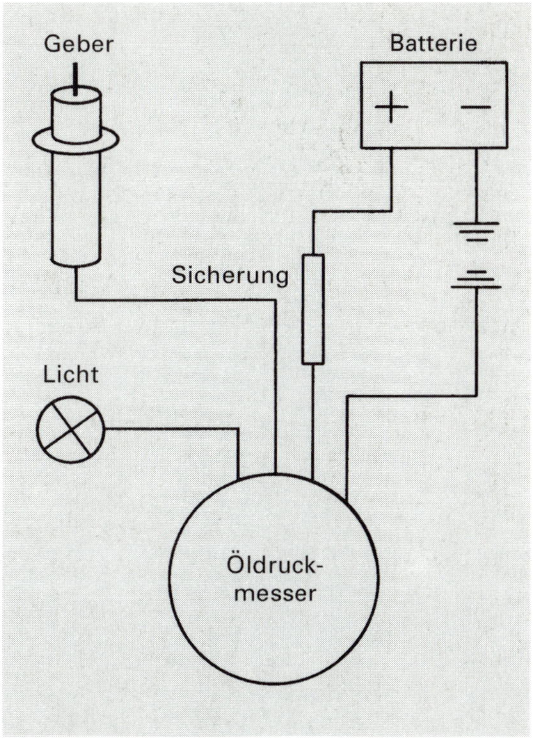

Abb. 7

Öl-/Kühlmittel-temperatur

Neben dem Druck ist die Temperatur des Öls von entscheidender Bedeutung. Denn nur heißes Öl kann optimal schmieren. Wer seinen Motor unter 80 Grad Celsius in den Gängen hochjagt oder gar volle Leistung abverlangt, schlägt bei jedem Mal Sargnägel in den Motorblock.
Gerade im Winter ist deshalb eine Kontrolle der Öltemperatur wichtig – und die ermöglicht ein Ölthermometer. Der entsprechende Geber wird statt der Ablaßschraube in die Ölwanne eingedreht **(5)** (Seite 56). Andere Systeme arbeiten am Ölmeßstab. Hinzu kommen die Standardanschlüsse: Plus, Minus, Licht **(9)**.

Das gleiche Instrument läßt sich auch zur Kontrolle der Kühlmitteltemperatur einsetzen. Der Vorteil gegenüber den zumeist serienmäßig eingebauten Temperatur-Bereichsanzeigen: Die Hitzegrade lassen sich in Celsius ablesen. Der entsprechende Geber wird dabei an einer geeigneten Stelle ins Kühlmittel-Schlauchsystem integriert. Ansonsten wird der Anzeiger genauso verkabelt wie zum Messen der Öltemperatur.

Außen-/Innen-temperatur

Bei modernen Fahrzeugen gehört er fast schon zum Standard: der Glatteiswarner. Eine Temperaturanzeige warnt den Fahrer vor Glätte,

Abb. 8

wenn die Außentemperatur unter zwei Grad Celsius sinkt. Ein Meßfühler macht's möglich. Allerdings muß er so angebracht werden, daß er nicht durch Fahrtwind oder Nässe beeinflußt wird. Den Fühler montiert man so am besten an einer geschützten Stelle wie beispielsweise in der Stoßstange **(8)**. Temperaturanzeiger zum nachträglichen Einbau zeigen oft

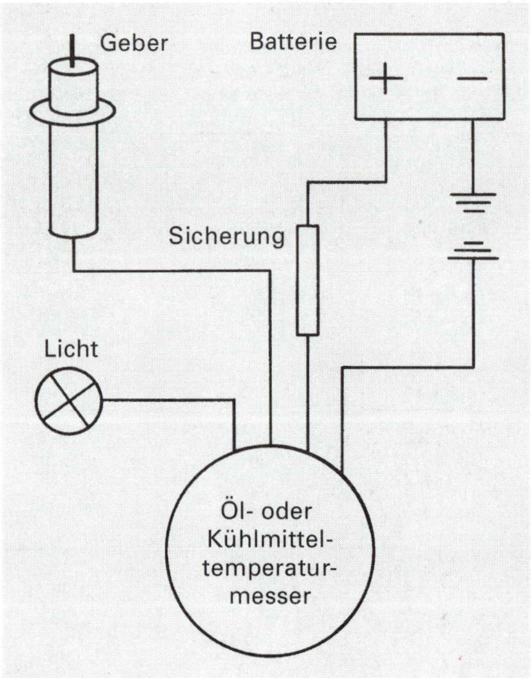

Abb. 9

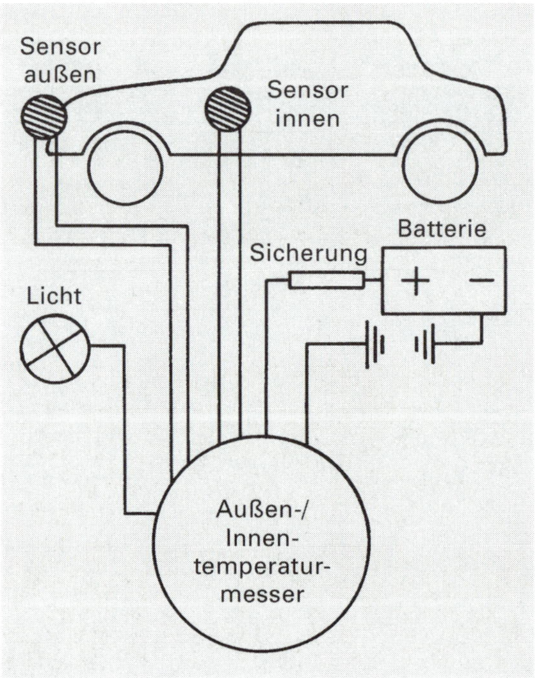

Abb. 10

zusätzlich auch die Innentemperatur an. Ein zweiter Fühler muß dafür im Innenraum angebracht werden, und zwar so, daß er keiner direkten Sonnenstrahlung ausgesetzt ist. Als Einbauposition bietet sich dafür eine Stelle unterhalb von Ablagen oder des Armaturenbretts an **(11)**. Der Anschluß gestaltet sich einfach: Zum Instrument werden jeweils Plus und Minusstrom sowie Licht geführt. Jeder Fühler muß mit zwei Kabeln an den Anzeiger angeschlossen werden **(10)**.

Weitere Instrumente

Im Zeitalter der Kommunikation und Information steht der Autozubehörmarkt in keiner Weise nach. Für fast alles und jedes werden Anzeigen angeboten: vom Stand des Wischwassers bis zum Durchschnittsverbrauch auf hundert Kilometer, von einer Warnleuchte bei ausfallendem Rücklicht bis hin zu „Sprintmetern", die messen, wie schnell das Fahrzeug beschleunigt. Nicht alles ist wirklich sinnvoll, aber dennoch gibt es noch eine Reihe weiterer nützlicher Zusatzinstrumente. So zum Beispiel ein Voltmeter, das verläßlich Auskunft über die Einsatzbereitschaft des Stromnetzes liefert und an dem auch sofort abzulesen ist, ob und wie gut die Lichtmaschine arbeitet. Ein Amperemeter hingegen kann man getrost in den Bereich „Schnickschnack" verweisen, denn es mißt zwar direkt den Ladestrom, aber im Gegensatz zum Voltmeter sind die damit verbundenen Aussagen über den Zustand des Bordstromnetzes nicht weiter von Bedeutung.
Während die Montage des Voltmeters – genau wie die des Öldruck- oder Temperaturanzeigers – ohne große Vorkenntnisse und leicht im Do-it-yourself-Verfahren vorgenommen werden kann, gestaltet sich der Anschluß von Bordcomputern oder Kontrollinstrumenten zum Spritverbrauch schon wesentlich komplizierter. Je nach Ausführung und Fahrzeugmodell kommt die Montage sogar teilweise Umbauten am Motor gleich – damit ist die allgemeine Betriebserlaubnis in Gefahr. Und nicht in jedem Fall sind die Aussagen sinnvoll. Zum Beispiel bei Unterdruckmeßgeräten zur Verbrauchskontrolle. Solche „Econometer" können nur grobe Aussagen über den Benzinverbrauch im höchsten Gang liefern, bei Beschleunigungsvorgängen versagen sie. Wer mit der Anschaffung von solchen Geräten liebäugelt, sollte sich zuvor im Fachhandel ausführlich beraten lassen. Wichtig dabei: das Grundsystem, nach dem gemessen wird, die damit verbundenen ablesbaren „Aussagen" den Aufwand bei der Montage erläutern lassen. Prinzipiell kann alles nachgerüstet werden: von einer Stop-Start-Elektronik, die im Stadtverkehr auf Knopfdruck beispielsweise vor Ampeln schnelles Abstellen und Anlassen des Motors ermöglicht, über Schubabschaltungen, die bei Bergabfahrten die Spritzufuhr unterbrechen, bis zu Tempostaten, die auf Knopfdruck eine vorher definierte Geschwindigkeit genau einhalten – sinnvoll bei längeren Autobahnfahrten. Aber, wie gesagt, die Montage ist kompliziert. Ohne stundenlangen Aufwand hingegen kommt eine digitale Uhr ins Cockpit. Mit drei Kabeln, Plus, Minus und Licht, zeigt sie an, was die Stunde schlägt **(12)**.

Abb. 11

Abb. 12

Diebstahlsicherung

Das Wort Diebstahlsicherung führt auf die falsche Fährte: Ganz gleich, was man am Fahrzeug unternimmt, eine wirkliche Sicherung gegen Diebstahl gibt es nicht. Allerdings kann man es Langfingern in vielerlei Hinsicht schwerer machen – vor allem Amateuren und solchen Dieben, die es nicht auf das ganze Fahrzeug abgesehen haben, sondern nur auf Gegenstände im Fahrzeuginneren oder im Kofferraum. Zur Vermeidung eines Diebstahls des ganzen Fahrzeuges können nur zwei einfache und preiswerte Lösungen empfohlen werden: das Absichern des Lenkrads über eine gesonderte Stange und eine versteckte Unterbrechung der Leitung 15 vom Zündschloß zur Zündspule. Ein solche Unterbrechung durch einen versteckten Schalter macht es unmöglich, das Fahrzeug ohne weiteres zu starten. Und die Lenkradstange bildet einen wirksamen mechanischen Schutz. Natürlich stellt beides für echte Profis kein unüberwindbares Hindernis dar – aber gerade die sichtbare Stange schreckt Amateure schon ab. Wer sein Fahrzeug etwas länger abstellen und gut schützen möchte, dem kann die preiswerteste aller Langfingerbremsen empfohlen werden: das Abziehen des Verteilerläufers (-fingers). Das ist zwar etwas umständlich, aber äußerst wirksam. Ganz anders muß sich der Schutz des Fahrzeuginnenraums und/oder des Kofferraums gestalten. Hier können Alarmanlagen das Aufbrechen des Fahrzeugs zwar nicht verhindern, aber zumindest den Dieb erschrecken.
Alle gängigen Alarmanlagen beruhen dabei auf dem gleichen System: Über einen oder mehrere Auslöser wird

Abb. 1

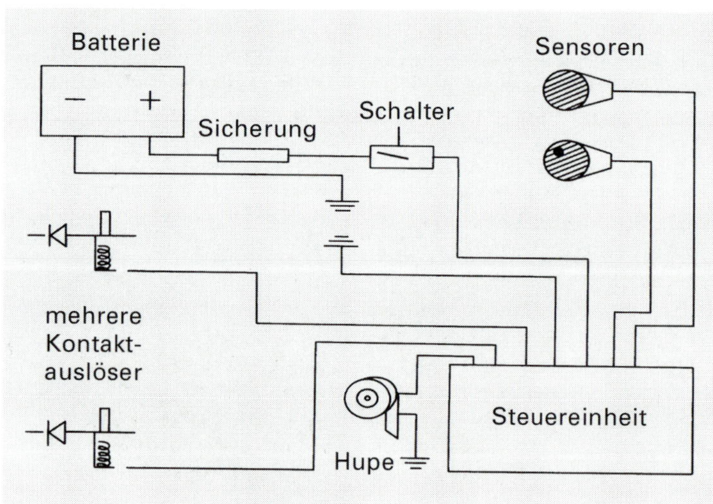

Abb. 2

ein akustisches Warnsignal (Hupe) ausgelöst. Der Fahrzeuginnenraum selbst wird dabei in der Regel mit Ultraschall-Sensoren überwacht, die bei Bewegungen Alarm auslösen. Darüber hinaus werden die Zugänge zum Fahrzeug (Türen, Kofferraumklappe und Motorhaube) mit Kontaktschaltern abgesichert. Daß die Alarmanlage auch Aufmerksamkeit auf sich ziehen kann, setzt voraus, daß die Hupe auch funktionstüchtig ist. Hier aber liegt eine generelle Schwachstelle: Alarmanlagen werden in der Regel an die serienmäßig eingebauten Hupe angeschlossen. Die aber befindet sich bei fast allen Autos direkt vorn unten im Motorraum. Schnell können Langfinger die Zuleitungen zur Hupe mit einem geübten Handgriff abziehen. Jeder Schutz ist dann dahin. Beim Kauf einer Alarmanlage sollte deshalb gleich eine zusätzliche Hupe erstanden und an einer von außen nicht erreichbaren Stelle im Motorraum montiert werden **(4).**
Die Schaltung einer Alarmanlage erscheint vordergründig recht kompliziert. Aber da sie über eine Steuereinheit betrieben wird, an die alle Leitungen angeschlossen werden, ergeben sich in der Praxis nur wenig Schwierigkeiten. Die Plusstromzufuhr von der Batterie wird über einen Kippschalter aktiviert, der gleichzeitig die Alarmanlage scharf stellt. Deshalb muß der Schalter versteckt im Fahrzeug angebracht werden.
Damit nach dem Scharfstellen dem Fahrer noch Zeit bleibt, ohne Auslösen des Alarms auszusteigen, arbeitet die Alarmanlage erst nach einer individuell einstellbaren Verzögerungszeit. Kernstück sind der Ultraschall-Sender und -Empfänger **(1).** Der Empfänger registriert dabei jede Unterbrechung der Signalfolge, die vom Sender ausgestrahlt wird, und löst dann Alarm aus. Um ein möglichst breites Feld zu überwachen, werden Sender und Empfänger nicht in einer direkten Linie angeordnet, sondern versetzt nebeneinander entweder im Front- oder im Fondbereich des Fahrzeugs. Gute Einbaupositionen sind so das linke und rechte Ende des Armaturenbretts, wobei die Sensoren auf die Heckscheibe ausgerichtet werden, sowie links und rechts der Heckscheibe – dann dient die Frontscheibe als Reflektor.
Sender und Empfänger werden direkt mit der Steuereinheit verbunden **(2)** – genau wie die Kontaktauslöser **(3).** Sie werden parallel zu den Kontaktschaltern der Innenraumbeleuchtung in den Türholmen montiert oder an den Kanten von Kofferraumdeckel und Motorhaube. Bei der Montage dieser Kontaktschalter sollten Sie nicht vergessen, den Holm oder den Kofferraum durch Unterlegen eines Stücks Gummi gegen Feuchtigkeit zu schützen.
Bei allen Anlagen können mehrere Kontaktschalter in Reihe geschaltet werden. Nur der Unterbrecher für die Fahrertür wird gesondert an die Steuereinheit angeschlossen, da er erst nach einer Verzögerung Alarm auslöst. So wird es dem Fahrer möglich, einzusteigen und die Alarmanlage zu entschärfen, ohne zuvor Alarm auszulösen. Kernstück der Anlage ist also die Steuereinheit. Vor allem für sie muß so eine zugriffsichere Einbauposition gewählt werden. Besonders gut eignet sich zum Einbau einer der Radkästen im Kofferraum **(5).**

Abb. 3

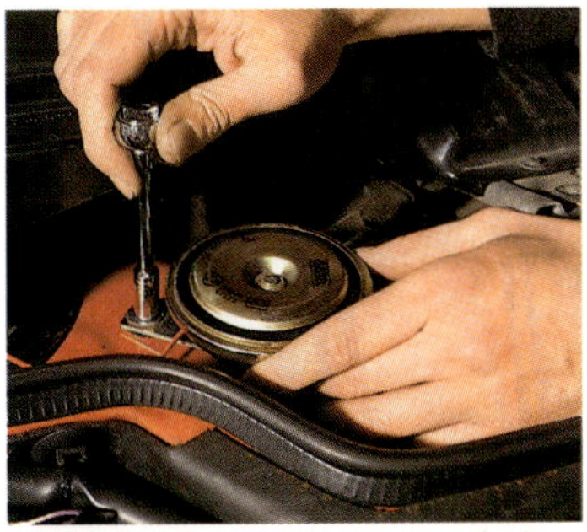
Abb. 4

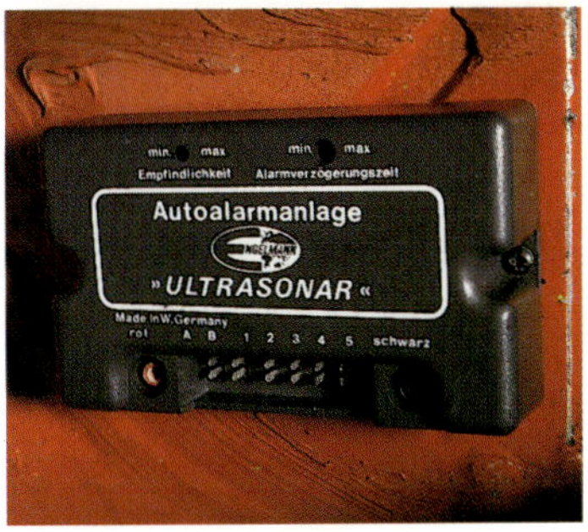

Abb. 5

Zusatzscheinwerfer

Mehr Licht bedeutet bei Dunkelheit mehr Sicherheit. Allerdings läßt der Gesetzgeber nicht zu, beliebig viele Zusatzscheinwerfer zu montieren, sondern nur je ein Paar Nebelscheinwerfer und Zusatz-Fernscheinwerfer sowie je einen Rückfahrscheinwerfer, eine Nebelschlußleuchte und einen Suchscheinwerfer.
Beim zusätzlichen Licht im Frontbereich gilt es zunächst zwei grundsätzliche Varianten zu unterscheiden: Versionen, die in Form von Ein- oder Unterbauelementen in einem neuen Grill oder Frontspoiler integriert sind, und solche, die zusätzlich zur bestehenden Lichtanlage auf Stoßstangen oder entsprechenden Halterungen angebracht werden.
In der Regel sind die Fahrzeuge mit einem Zwei-Scheinwerfer-System ausgestattet, bei dem in jeder Einheit Zweifadenlampen arbeiten, die wahlweise für Abblendlicht oder Fernlicht sorgen. Bei einem Vier-Scheinwerfer-System sind für Abblend- und Fernlicht getrennte Scheinwerfer vorhanden. Solche sogenannten Doppelscheinwerfer aber werden nicht zur Aufbaumontage angeboten. Wer von einem Zwei- auf ein Vier-Scheinwerfery-System umrüsten möchte, muß den gesamten Grill umbauen. Wesentlich einfacher ist die Montage von zwei zusätzlichen Fernscheinwerfern. Alle Scheinwerfer weisen auf dem Glas, der Streuscheibe, Referenzzahlen aus. Die Summe der Referenzzahlen aller bei Fernlicht angestellten Scheinwerfer darf die Zahl 150 nicht überschreiten.
Beim Anschluß sind zwei Grundvarianten erlaubt:
1. Die Zusatz-Fernscheinwerfer werden zusätzlich zum normalen Fernlicht angeschlossen (Abzweigverbindung). Der Anschluß von Stand- und Abblendlicht bleibt völlig unverändert (siehe Schaltplan).
2. Das normale Fernlicht wird abgeklemmt; die Zusatz-Fernscheinwerfer leuchten bei eingeschaltetem Fernlicht zusammen mit dem Abblendlicht. Auch hierbei bleibt die Schaltung von Abblendlicht und Standlicht unverändert (Schaltplan).
Wichtig bei beiden Lösungen: Für das zusätzliche Fernlicht wird kein weiterer Schalter im Fahrzeuginnenraum montiert. Ob weiteres Fernlicht- oder Nebelscheinwerfer, sie dürfen nur paarweise zur Mitte des Fahrzeuges angebracht werden, die Karosserie nicht überschreiten und den Mindestabstand nach rechts- und linksaußen nicht unterschreiten.
Bei der Montage müssen die Abstände genau gleich ausfallen. Exaktes Ausmessen der Aufbaupositionen tut also not **(1).**
Die Montage selbst gestaltet sich dann einfach: Die Stoßstange wird so angebohrt **(2),** daß die Halterung der Scheinwerfer durchgesteckt

Abb. 1

Abb. 3

Abb. 2

Abb. 4

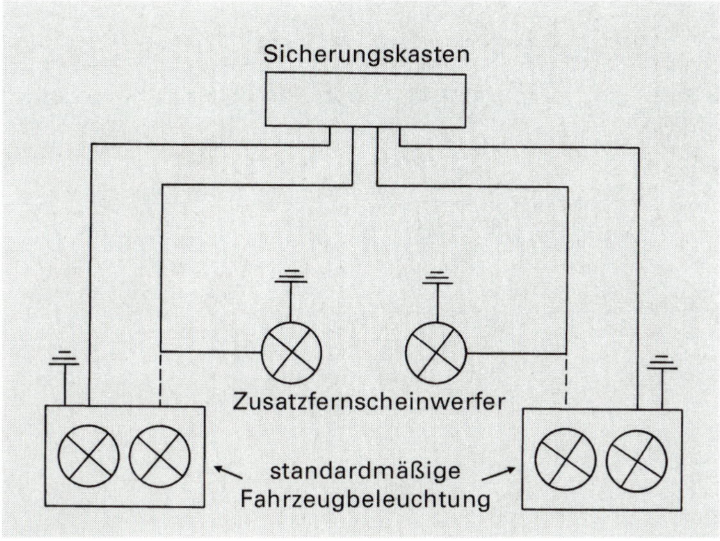

Abb. 5

und verschraubt werden kann **(3).** Beim Anschluß **(4)** geht man wie folgt vor: Kabelschuh des normalen Scheinwerfers mit Zweifadenbirne an beiden Scheinwerfern abziehen. Fernlicht einschalten und mit Prüflampe (Masse an Karosserie) die Zuleitung zum Fernlicht suchen (in der Regel weiße Kabel). Dann entweder diese Kabel von den normalen Scheinwerfern abklemmen und zu den Zusatzscheinwerfern führen oder eine Abzweigverbindung herstellen.

Die Masse für den Zusatzscheinwerfer wird generell von der Karosserie abgenommen. Achtung: Wird das neue Licht zusätzlich zum alten Fernlicht geschaltet, muß eventuell die Zuleitung über eine stärkere Sicherung und ein leistungsfähigeres Relais abgesichert werden. Dies hängt von der alten Lichtanlage und von der Leistung des neuen Scheinwerfers ab, Aufschluß gibt die Montageanleitung **(5)**. Schließlich muß das Fernlicht noch ausgerichtet werden. Zur Grobeinstellung empfiehlt sich folgende Vorgehensweise: Das Fahrzeug muß gerade stehen und der Reifendruck stimmen. Man rollt den Wagen bis dicht vor eine gerade, weiße Wand (beispielsweise in der Garage) und kennzeichnet auf ihr die Mittelpunkte der Scheinwerfer. Dann rollt man den Wagen zehn Meter zurück und setzt lotrecht zehn Zentimeter unter den alten Markierungen zwei neue. Diese werden dann mit einer waagerechten Linie verbunden. Bei eingeschaltetem Abblendlicht muß der waagerechte Teil der Hell/Dunkel-Grenze auf der Linie liegen **(6).** Wenn dies nicht der Fall ist, stellt man die Scheinwerfer an den Verstellschrauben neu ein. Dann wird das alte Fernlicht angeschaltet und das neue anhand dieser Lichtkegel ausgerichtet. Nebelscheinwerfer werden generell möglichst tief montiert, um eine gute Wirkung zu erzielen. Sie müssen über einen getrennten Schalter ein- und ausschaltbar sein. Wird zusätzlich eine Nebelschlußleuchte angebracht, so muß auch diese getrennt geschaltet werden.

Abb. 6

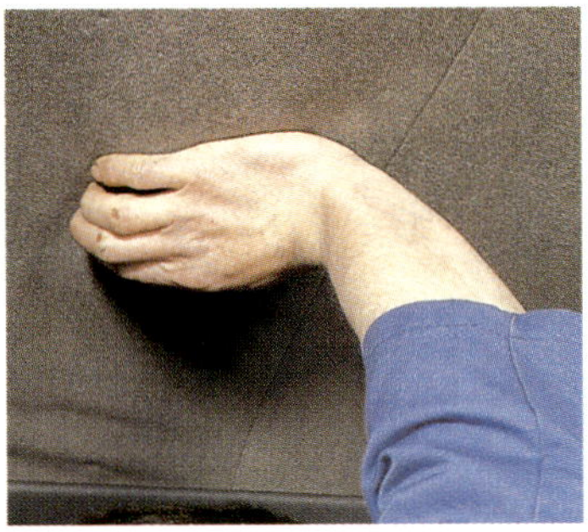

Abb. 1

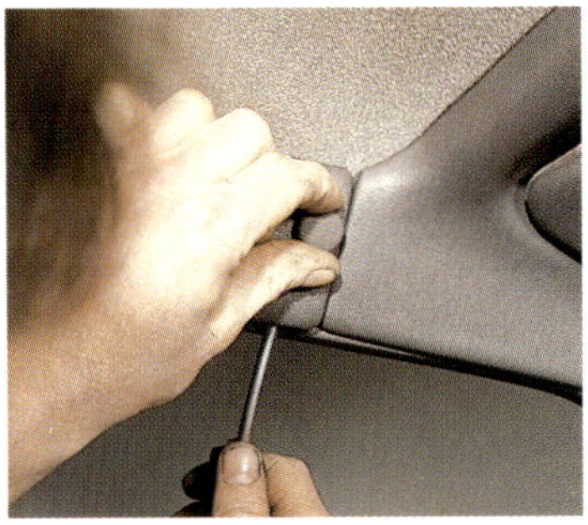

Abb. 3

Abb. 5

Abb. 2

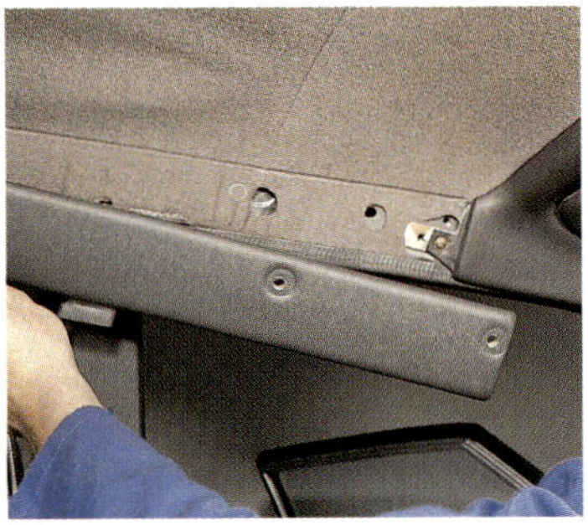

Abb. 4

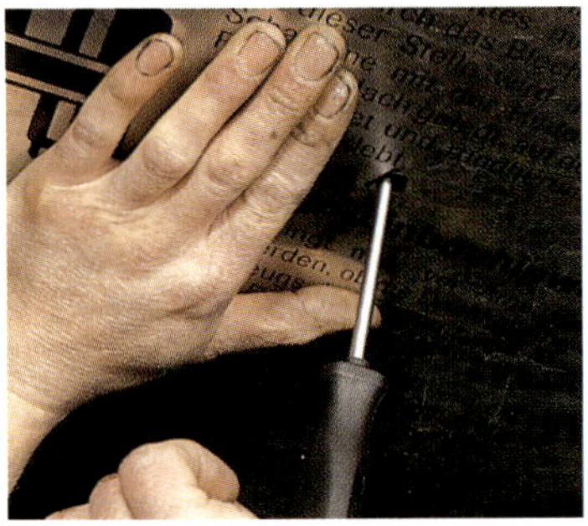

Abb. 6

Glasdach

In der Beliebtheitsskala des Zubehörs rangiert es ganz oben: das Glasdach. Allerdings ist das Nachrüsten nicht ganz einfach. Die Schwierigkeiten beginnen schon bei der Wahl des richtigen Modells. Der Fachhandel bietet verschiedene Varianten an, die sich vor allem in der Ausstattung – zum Beispiel mit oder ohne Rollo – und in der Größe voneinander unterscheiden. Ganz frei in der Wahl ist man aber nicht: Die Dächer müssen für Ihr Fahrzeug zugelassen sein und eine TÜV-Freigabe besitzen. Die Zulassungsbestimmungen betreffen vor allem die Größe – für kleinere Fahrzeuge sind auch nur kleinere Dächer zugelassen. Welches Modell generell für Ihr Fahrzeug in Frage kommt, muß beim Fachhändler erfragt werden.

Darüber hinaus sollten Sie sich gleich beim Kauf eines Glasdachs darüber informieren, ob der Einbau in Ihr Fahrzeug vom Hersteller empfohlen wird oder nicht und ob ein Eintrag in die Fahrzeugpapiere (TÜV) erforderlich ist. Die TÜV-Freigabe bedeutet nicht gleichzeitig, daß der Einbau in der Praxis auch relativ einfach zu vollziehen ist. Bei älteren Audi-Coupés beispielsweise gestaltet er sich generell sehr schwierig. Gleich eine ganze Reihe von Faktoren kann den Einbau erheblich komplizieren. Da ist beispielsweise die Innenraumbeleuchtung, die bei einigen Modellen beim Einbau eines Glasdachs versetzt

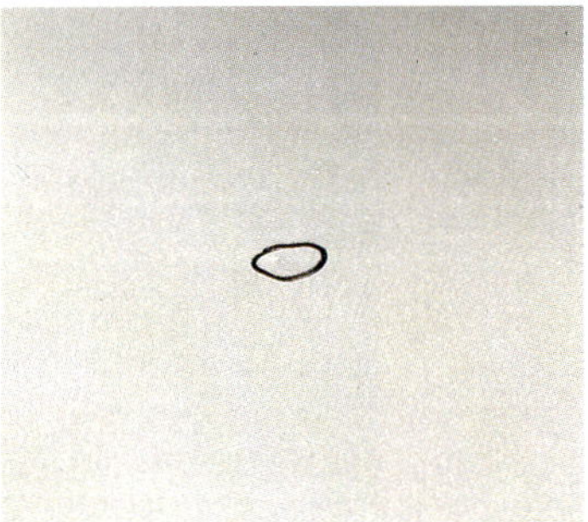

Abb. 7

Abb. 8

Abb. 9

Abb. 10

Abb. 11

werden muß. Oder aber der generelle Dachaufbau kompliziert die Angelegenheit. Auf der anderen Seite aber gibt es bei den meisten Modellen keine grundsätzlichen Schwierigkeiten.

Der Einbau des Glasdachs beginnt mit der Strebensuche im Fahrzeuginneren **(1)**. Um dem Dach mehr Stabilität zu verleihen, sind zwischen Dach und Himmel Streben von links nach rechts verlegt. Mindestens eine Strebe muß bei jedem Galsdacheinbau durchtrennt werden. Sind die Streben an den Dachkanten nicht verschweißt, sondern verschraubt, empfiehlt es sich, sie ganz zu entfernen.

Zunächst wird die beim Glasdach mitgelieferte Schablone grob am Himmel angehalten. Der Einbauabstand nach vorne sollte mindestens zwei Fingerbreit von den hochgeklappten Sonnenschutzblenden entfernt liegen **(2)**. Dann tastet man nach hinten ab, wo sich eine Strebe befindet. Ist sie gefunden, wird als nächstes kontrolliert, ob sie verschraubt ist. Dazu löst man an den Himmelseiten eventuell vorhandene Befestigungen wie beispielsweise Verkleidungen oder Innenraumbeleuchtungen **(3)** und nimmt sie ab **(4)**. Dann löst man das Türgummi von Fahrer- und Beifahrertür, mit dem gleichzeitig an diesen Stellen der Himmel angeklemmt ist **(5)**. Nun kann man unter den Himmel fassen und nach den Streben tasten. Stellt sich dabei heraus, daß die Streben verschraubt sind, werden die Schrauben gelöst.

Das Festlegen der genauen Einbauposition des Glasdaches läßt sich mit einem kleinen Trick vereinfachen. Exakt in die Mitte der Einbauschablone (Schnittpunkt der beiden Diagonalen) wird ein kleines Loch gebohrt oder geschnitten. Dann wird die Schablone von innen gegen den Himmel gehalten, und zwar möglichst genau so, wie das spätere Dach sitzen soll. Nun wird mit einem Schraubenzieher durch das Loch gegen Himmel und Dach gedrückt **(6)**. So entsteht im Dach eine kleine Delle **(7)**. Jetzt legt man die Schablone von außen auf das Dach, und zwar so, daß das Mittelloch auf der Delle liegt **(8)**. Die grobe Einbauposition ist damit gefunden. Nun richten Sie die Schablone ganz exakt mittig aus,

Abb. 12

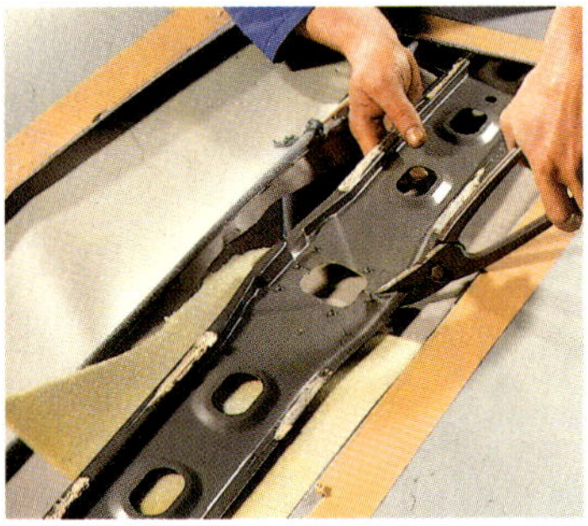
Abb. 14

Abb. 15

Abb. 13

Abb. 16

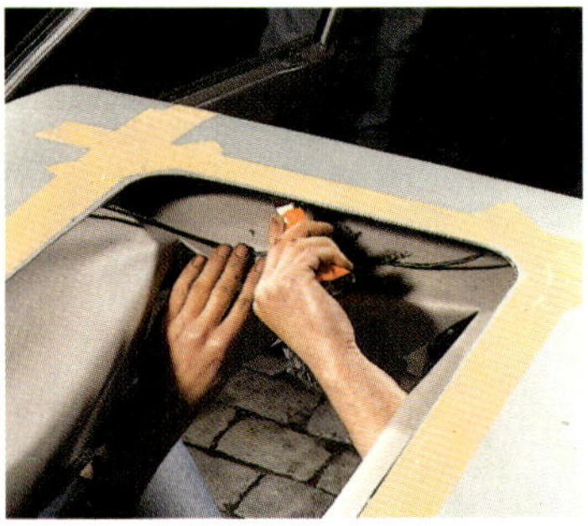
Abb. 17

indem Sie die Abstände zu den Dachkanten genau ausmessen **(9).** Erst dann wird die Einbauposition angezeichnet **(10).**
Vor dem Aussägen des Dachs empfiehlt es sich, den Umriß abzukleben, um beim Ausschneiden des Dachs und Einsetzen des Glasdachs Kratzer im Lack möglichst zu vermeiden **(11).**
Nun wird sehr vorsichtig das Dach ausgesägt. Nach Möglichkeit sollte der darunterliegende Himmel nicht allzusehr beschädigt werden, vor allem an den Kanten. Denn der Himmel wird nicht so weit ausgeschnitten wie das Dach. Es muß ein gut zwei Zentimeter überlappender Rand bleiben, damit der Himmel am Ende der Arbeiten wieder verspannt werden kann. Beim Aussägen gilt es außerdem auf eventuell unter dem Dach verlegte Leitungen zu achten. Der Einsatz einer Stichsäge ist deshalb nicht zu empfehlen, besser arbeitet man mit einer Blechschere, am einfachsten natürlich mit einer elektrischen. Dazu wird zunächst in der Mitte ein Loch ins Dach gebohrt **(12),** von dem aus dann ausgesägt wird **(13).**
Nach dem Aussägen des Da-

Abb. 18

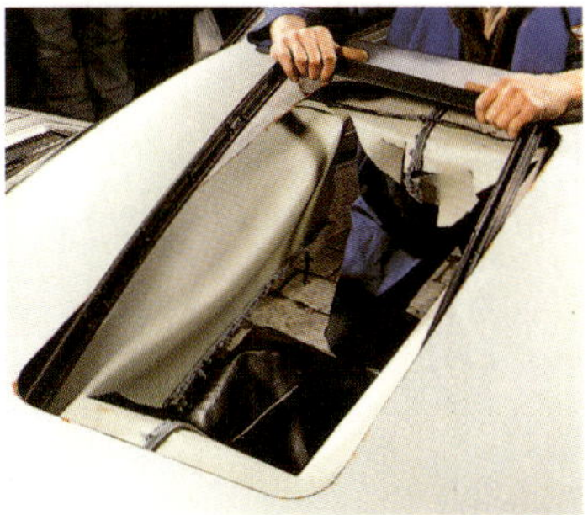

Abb. 19

Abb. 21

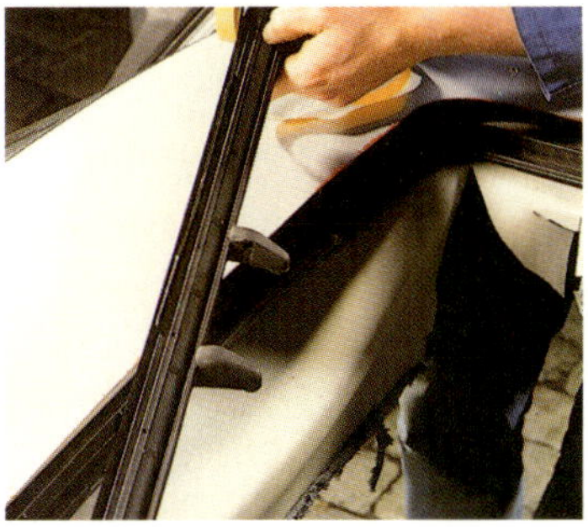

Abb. 20

ches wird der Blick auf die Strebe(n) frei. Sie werden an den Schnittkanten durchtrennt **(14)** und die Enden, wenn sie verschraubt waren, herausgezogen **(15).** Im nächsten Schritt werden im offenliegenden Bereich auch die Spannstreben des Himmels entfernt. Dazu müssen eventuell Halterungslaschen mit einem Messer durchtrennt werden **(16)**.

Bevor Sie jetzt gleich das Dach einsetzen, sollten Sie den Kanten Aufmerksamkeit schenken. Sie werden zunächst innen von möglichen Dämm- oder Klebestoffen befreit **(17).** Dabei tasten Sie die Kanten ab und schaben dann eventuell vorhandene Unebenheiten ab. Dies ist wichtig, damit der Glasdachrahmen am Ende auch wirklich fest und dicht aufmontiert werden kann. Um Rost keine Chance zu geben, sollte die bloßliegende Blechkante mit Lack überzogen werden – ein alter Lackstift reicht dazu aus, besser aber nimmt man Zinkstaubfarbe **(18).**

Nachdem der Lack angetrocknet ist, wird der Glasdach-Unterrahmen eingeschoben **(19)** und der obere Rahmen zum Einbau vorbereitet. Dazu dichten Sie ihn mit dem mitgelieferten Gummi-Klebeband ab **(20).** Um sicherzugehen, daß später wirklich keine Feuchtigkeit durch das Glasdach eintreten kann, sollten Sie aber zusätzlich weitere Dichtungsmasse auftragen **(21).**

Sorgfältig und vorsichtig wird jetzt das obere Rahmenteil von außen aufgesetzt **(22)** und leicht angedrückt. Um es von innen mit dem Unterrahmen verbinden zu können, legen Sie den Himmel so weit frei, daß Sie beide Rahmenteile miteinander verschrauben können **(23).** Ziehen Sie die Schrauben über Kreuz an, in der Mitte der längeren Rahmenseite beginnend. Bei der endgültigen Montage des Rahmens sollten Sie darauf achten, ob auf dem Dach an den Seiten

Abb. 22

Abb. 23

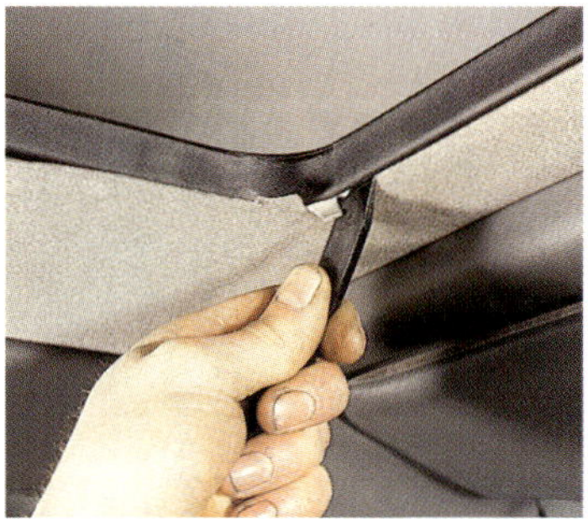
Abb. 25

Dichtungsmasse unter dem Rahmen hervorquillt. Ist dies an einigen Stellen der Fall, sollten Sie diese reinigen, bevor die Dichtungsmasse angetrocknet ist.
Erst jetzt, ganz zum Schluß, wird der Himmel endgültig beschnitten **(24).** Dazu legen Sie ihn zwei Zentimeter über den Rahmen hinaus frei. Diese „Luft" benötigen Sie, um den Himmel zu spannen. Bevor Sie dies tun, muß der Himmel zunächst wieder an den Stellen montiert werden, an denen er für die Strebensuche am Anfang gelöst worden ist. Dabei sollten auch gleich wieder mögliche Verblendungen und/oder die Innenbeleuchtung eingesetzt werden. Ist dies geschehen, spannen Sie den Himmel am Glasdachrahmen und drükken ihn mit einem stumpfen Gegenstand in den Rahmen **(25).** Sollte sich dabei zeigen, daß das Tuch noch ein Stück zu breit ist, kann man es immer noch ein Stück einkürzen. Zum Ende der Montagearbeit wird nun noch von unten die Blende aufgesetzt **(26),** die den Himmelansatz gänzlich unsichtbar macht. Jetzt müssen Sie nur noch die Glasscheibe einsetzen **(27).**

Abb. 24

Abb. 26

Abb. 27

Karosserie

Karosseriearbeiten sind ein Kapitel für sich. Denn gleich, ob es um die Beseitigung von Roststellen oder das Beheben kleinerer Blechschäden geht – die Arbeiten unterscheiden sich grundsätzlich von denen an Motor oder Fahrwerk. Beim Spachteln oder Lackieren ist nicht nur Know-how gefragt, sondern auch Gefühl. Aber mit Engagement, ein wenig Übung und viel Fleiß lassen sich auch im Do-it-yourself-Verfahren professionelle Ergebnisse erzielen. Der Aufwand lohnt, denn auch wenn nur kleinere Roststellen gekonnt ausgebessert werden, sparen Sie im Vergleich zu den Kosten, die in einer Autolackiererei entstünden, gleich mehrere hundert Mark.

Kleine Roststellen

Wer ein älteres Auto kritisch unter die Lupe nimmt, stößt fast immer auf kleine Roststellen. Aber gleich ob Steinschlag oder Kratzer sie verursacht haben oder ob es erste kleine Alterserscheinungen sind: Wenn die harmlosen Fleckchen nicht bearbeitet werden, weiten sie sich bald zu häßlichen Schäden aus. Denn hat der Rost erst einmal einen Ansatzpunkt gefunden, frißt er sich gnadenlos weiter ins Blech.
Jede Rostbearbeitung steht und fällt mit der gründlichen Beseitigung des Rostes. Wird er nicht porentief ausgemerzt, haben Sie nur kurze Zeit Freude an Ihrer Arbeit. Denn dann zeigen sich an den bearbeiteten Stellen schon bald die typischen Rostblasen.
Die Rostbearbeitung gliedert sich in zwei Schritte: die mechanische und die chemische Bearbeitung. Zunächst wird der Rost in irgendeiner Form abgeschliffen und dann die betreffende Stelle mit Rostumwandler getränkt. Der zersetzt den noch verbleibenden Rost zu einer neuen, das Fahrzeug schützenden Schicht.
Zur mechanischen Rostbeseitigung stehen verschiedene Möglichkeiten offen, die sich je nach Art der Roststelle empfehlen:

- Der Rostradierer
  Mit ihm rückt man einem Rostpunkt auf kleinstem Raum sehr genau zu Leibe. Sein Vorteil: Es wird kein weiterer Lack verkratzt.

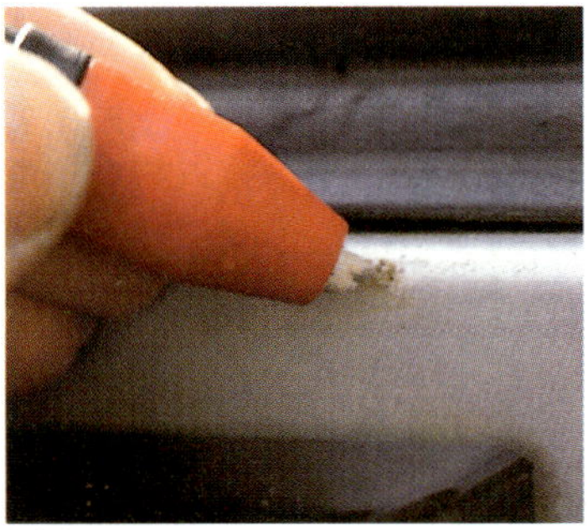

Abb. 1

- Grobes Schmirgelpapier
  Mit der Hand wird die entsprechende Roststelle gereinigt. Die Körnung sollte 40 bis 80 betragen, dann stufenweise bis 240. Empfehlenswert bei kleineren Roststellen.
- Schleifaufsätze für Bohrmaschinen
  Empfehlenswert bei kleineren Roststellen. Der Vorteil: zielgerichtetes Arbeiten ist möglich.
- Der Schwingschleifer
  Er kommt bei größeren, glatten Stellen, zum Beispiel an der Tür, zum Einsatz. Aufgezogen wird 150er oder 240er Körnung. Nachteil: starke Riefenbildung.
- Der Winkelschleifer
  Bei tiefen und großen Roststellen das richtige Arbeitsmittel. Aufgezogen wird eine Metallschruppscheibe oder ein Schleifteller mit grobem Korn. Vorsicht: Der Metallabrieb ist bei dieser Methode sehr hoch.
- Drahtbürsten
  Nur bei schwer zugänglichen Stellen empfehlenswert, da die Ergebnisse nicht die Gründlichkeit anderer Arbeitshilfen aufweisen.

Abb. 2

- Der Vollständigkeit halber sei erwähnt, daß auch Sandstrahlgeräte sich hervorragend zum Entrosten eignen.
- Den kleinsten aller Roststellen, den Punkten, rückt man am besten mit einem Rostradierer zu Leibe.

Jede andere Methode hätte den Nachteil, daß durch die Bearbeitung eine größere Lackfläche durch Verkratzen in Mitleidenschaft gezogen würde. Dann stände der „Schaden", der durch die Bearbeitung entsteht, in keinem Verhältnis zur Ursache. Hat man mit einem Radierer die entsprechende Stelle abgeschabt **(1),** wird mit einem feinen Pinsel ein Tröpfchen Rostumwandler aufgetragen und dann mit Tupflack **(2)** oder einem Lackstift die Stelle optisch wieder angepaßt.
Roststellen, bei denen das Blech zwar angegriffen, aber noch nicht durchgerostet ist, werden zunächst rundum freigelegt, eventuell angrenzende Gummis, Verkleidungen oder Ähnliches abgeschraubt, -gewinkelt oder -gezogen. Denn zur gründlichen Bearbeitung gehört, nicht nur die offenliegende Roststelle zu reinigen, son-

Abb. 3

Abb. 4

Abb. 5

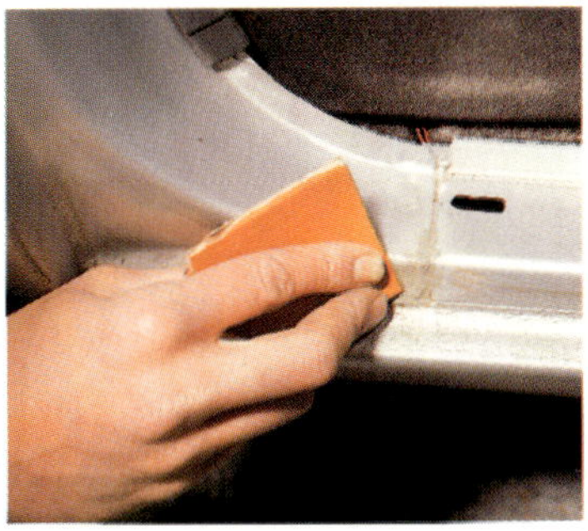
Abb. 6

dern auch das Blech mindestens einen Zentimeter darüber hinaus abzuschleifen. In der Regel sind diese Blechteile nämlich auch bereits angegriffen.
Nach dem Abschleifen mit grobem Schmirgelpapier **(3)** oder anderen Arbeitsmitteln tränkt man die Stelle gründlich mit Rostumwandler **(4).**
Aus zwei Gründen empfiehlt es sich, die Stelle vor dem Lackieren zu grundieren: Zum einen schützt die Grundierung das Blech fast besser als der Lack selbst. Zum anderen entstehen durch den Rostfraß und das Abschleifen Vertiefungen. Durch die dickflüssige Grundierung werden diese aber weitgehend ausgefüllt. Vor allem die kleinen Furchen, die durch das grobe Schleifen im angrenzenden Lackbereich entstehen, gleicht die Grundierung aus.
Grundierung kann aufgespritzt oder aufgestrichen werden. Bei Roststellen, die wie in dem Bildbeispiel nur ein paar Quadratzentimeter groß sind, reicht es allerdings völlig, das Mittel anzustreichen **(5).** Anders hingegen bei größeren Flächen wie beispielsweise einer Motorhaube – hier sollte auch schon die Grundierung gespritzt werden (siehe Kapitel „Lackieren"). Damit der Lack auf der Grundierung Halt findet, wird diese nach dem Antrocknen (frühestens nach zehn Minuten) fein abgeschliffen **(6).** Bei kleinen Stellen reicht es, wenn trocken geschliffen wird, bei größeren Flächen sollte unbedingt naß geschliffen werden.
An Stellen, die größer als ein Markstück ausfallen, sollte der Lack nicht aufgepinselt, sondern aufgespritzt werden. Alles andere sieht unsauber aus. Für jede Fahrzeugfarbe gibt es entsprechende Sprühdosen im Handel; sind sie nicht vorrätig, können sie bestellt werden. Achtung: Immer nur die richtige Farbe verwenden. Auch wenn andere Farben auf den ersten Blick ähnlich aussehen – am Auto sind die Unterschiede deutlich sichtbar. Außerdem ist Lack nicht gleich Lack (siehe gesondertes Kapitel ab Seite 84).
Beim Lackieren mit der Spraydose entsteht Lacknebel, der sich über die eigentliche Stelle hinaus ausweitet. Um diese Wirkung einzugrenzen, sollten Sie kleinere Stellen durch eine Schablone spritzen. Sie wird aus Karton gefertigt und etwas größer ausgeschnitten als die eigentliche Stelle. Die Schablone wird beim Spritzen gut 5 Zentimeter vom Blech entfernt gehalten, die Spraydose selbst sollte zur Schablone einen Abstand von gut 20 Zentimetern aufweisen **(7).** Vor dem Spritzen die Spraydose gründlich schütteln und die Reparaturstelle mit staubbindendem Tuch abputzen. Um Lackläufer zu vermeiden, wird der Lack in mindestens zwei Durchgängen aufgespritzt. Beim ersten Mal muß er nicht voll decken. Nach einer kurzen Ablüftzeit (eine bis zwei Minuten) kann der nächste Lackauftrag erfolgen. Kommt es dennoch zu Lackläufern, sollten Sie den aufgespritzten Lack sofort mit Verdünnung herunterwaschen.

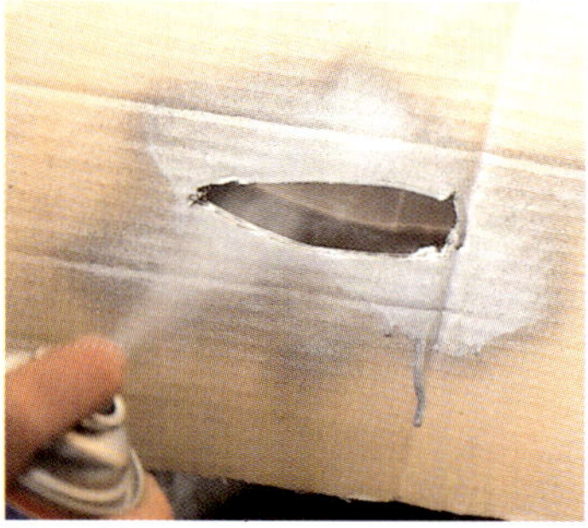
Abb. 7

Abb. 8

Vor einem erneuten Spritzversuch das Blech mit einem Siliconentferner reinigen. Klappt es nicht auf Anhieb einwandfrei, mag Sie trösten, daß Beispritzen zu den schwierigsten Aufgaben eines Lackierers zählt. Selbst bei einer geglückten Ausbesserung sieht die Stelle anschließend noch nicht besonders vorteilhaft aus: In der Mitte ist sie hochglänzend, nach außen zum alten Lack wird's matt **(8).** Damit die beigespritzte Stelle anschließend nicht mehr zu identifizieren ist, sollte gut eine Woche nach dem Spritzen nachgearbeitet werden. Zum Entfernen des Lacknebels wird dieser vorsichtig mit 1000er Naßschleifpapier abgeschmirgelt. Achtung: Nicht zuviel vom alten Lack abschleifen. Auf Naßschleifpapier mit 1200er Körnung wird dann dick Schleifpolierpaste unter sanftem Druck auf die gesamte Fläche aufgetragen. Auf keinen Fall dürfen Paste oder Schleifpapier trocken sein. Ist das Poliermittel angetrocknet, wird die Fläche mit Watte poliert. Machen Sie sich anschließend noch die Mühe, alle weiteren Karosserieteile mit Autopolitur zu behandeln, glänzt der Wagen wie neu. Achtung: Beigespritzte Stelle nicht mit Lackreiniger behandeln.

Reparatur von Roststellen

Um durchrostete Stellen dauerhaft zu schließen, stehen zwei Möglichkeiten offen: zum einen das Einschweißen von Reparaturblechen, zum anderen das Verschließen mit Glasfasermatten und Polyester. Auch wenn die zweite Methode bei professionellen Betrieben verpönt ist: Mit Glasfasermatten und Polyester kommt man zu durchaus ordentlichen Ergebnissen. Allerdings darf diese Methode nicht bei tragenden Teilen angewandt werden. Dazu zählen vor allem:

- Bodenblech,
- Türschweller und
- alle Blechteile, die in Verbindung mit der Radaufhängung stehen.

Aber bei Roststellen im Kotflügel, in der Tür oder der Motorhaube kann problemlos und mit großem Erfolg mit diesen Materialien gearbeitet werden.

Abb. 1

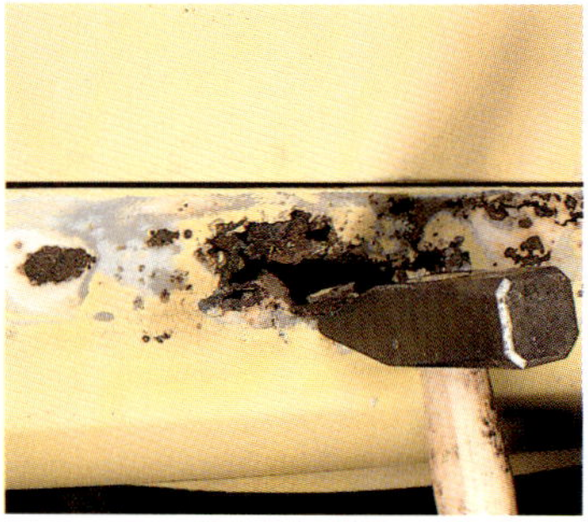
Abb. 2

Arbeiten mit Glasfasermatten und Polyester

Im Handel werden verschiedene Sets angeboten. Sie beinhalten in der Regel mindestens:

- zwei Glasfasermatten
- eine Glasseidenmatte
- Polyesterharz und
- Härter.

Eine Glasfasermatte allein ist zu dünn, um einen dauerhaften Untergrund für den Lack zu bilden. Deshalb werden immer mindestens zwei Schichten aufgetragen. Dabei verwendet man zwei grob gewebte und feste Glasfasermatten als ersten Untergrund und deckt dann die feiner gewebte Glasseidenmatte in einem dritten Arbeitsdurchgang auf. Außerdem kommt gelegentlich

Abb. 3

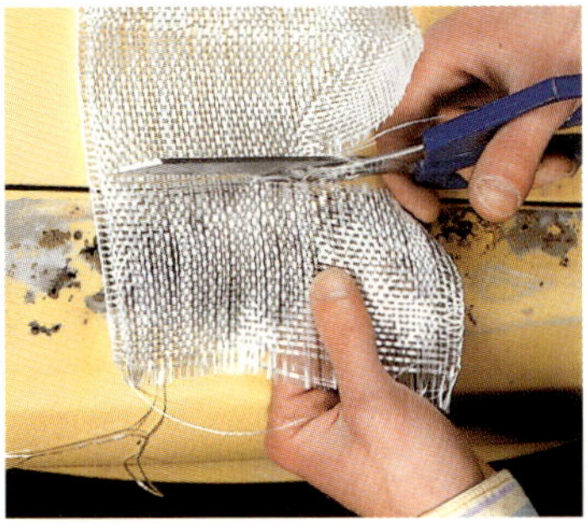

Abb. 4

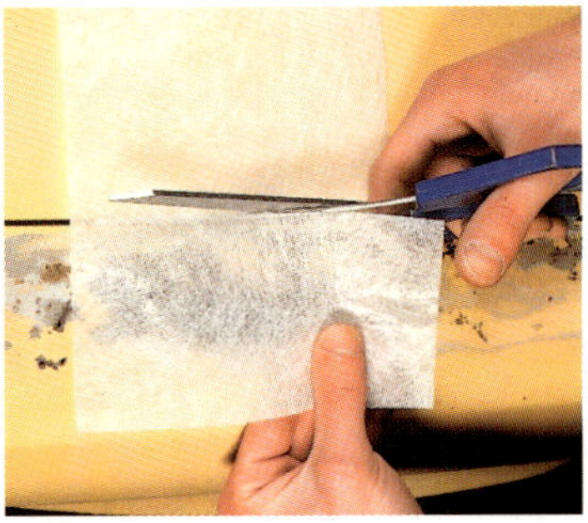

Abb. 5

Abb. 6

Abb. 7

Abb. 8

auch als letzte Oberflächenschicht sehr dünnes, engmaschig verwebtes Glasfaservlies zum Einsatz.
Zunächst muß die zu schließende Stelle gründlich vorbereitet werden. Der Rost wird am besten mit einem Winkelschleifer völlig entfernt, Rostumwandler aufgetragen und das Blech rund um das Loch ein paar Zentimeter breit mit grobem Schleifpapier angeschliffen. Dies ist wichtig, um den Glasfasermatten einen optimalen Haftungsgrund zu bieten. Die so vorbearbeitete Stelle **(1)** wird nun rundum mit Hammerschlägen leicht vertieft **(2)**, damit sie nach der Reparatur nicht über das Blech hinausragt. Zum Abschluß wird der ganze Bereich sorgfältig gesäubert **(3)** und großflächig mit Siliconentferner oder Verdünnung abgerieben.
Im nächsten Schritt werden mit einer Schere die Glasfasermatten **(4)** und die Glasseidenmatte **(5)** zugeschnitten. Die zugeschnittenen Matten sollten das eigentliche Loch zwei bis drei Zentimeter überlappen, aber auch wiederum nicht bis auf nicht abgeschliffenes Blech reichen. Die zweite Matte muß etwas größer ausfallen als die erste.
Damit der Polyester auch bindet und aushärtet, wird er mit dem Härter vermischt **(6)**. In der Regel kommen zwei bis drei Prozent Härter zu der entsprechenden Spachtelmasse. Grober Anhaltspunkt: Auf einen gehäuften Eßlöffel Polyester ungefähr zwei bis drei Zentimeter Härter aus der Tube drücken. Sind Polyester und Härter miteinander verbunden, müssen sie sofort verarbeitet werden. Deshalb immer nur soviel Polyester mit Härter vermengen, wie in einem Arbeitsschritt verwendet werden kann. Die Zeit, in der die Masse verarbeitungsfähig bleibt, hängt nicht nur von der Menge des beigemischten Härters ab, sondern auch von der Außentemperatur. Idealerweise sollte sie gut 20 Grad Celsius betragen. Ist es kälter, bleibt die Masse länger verarbeitungsfähig, ist es wärmer, trocknet sie schneller ein.
Grundvoraussetzung zum Gelingen der Arbeit ist, daß Polyester und Härter gut miteinander vermischt werden **(7)**. Besonders gut eignen sich dafür schmale Spachtelwerkzeuge, die auch zum An-

Abb. 9

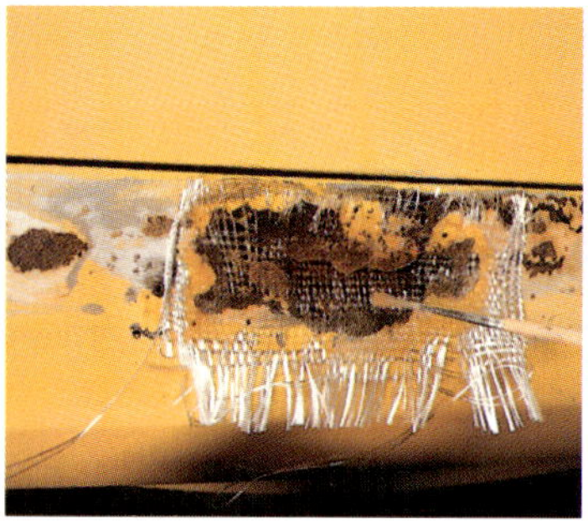

Abb. 10

Abb. 11

Abb. 12

rühren von Gips Anwendung finden.
Mit einem normalen Pinsel tragen Sie nun zunächst den angerührten Polyester auf die Blechkante rund um das Loch auf **(8).** Im nächsten Schritt legen Sie die Glasfasermatte auf **(9)** und streichen sie dann dick mit dem angerührten Polyesterharz ein **(10).** Optimal ist es, wenn Sie die Matte nicht nur von einer Seite bestreichen, sondern auch von der Rückseite.
Gleich darauf wird die zweite Matte **(11)** aufgebracht. Vor dem Auflegen auf die Reparaturstelle wird die Matte bereits mit Polyester getränkt. Optimale Ergebnisse werden erzielt, wenn diese zweite Glasfasermatte von innen gegen das Loch aufgebracht werden kann. Zum Abschluß der Arbeit kommt nun die Seidenmatte von außen auf das kaum noch sichtbare Loch **(12)**. Auch sie wird vor dem Aufbringen getränkt und anschließend noch einmal eingestrichen.
Glasfasermatten und Polyester benötigen in der Regel bei einer Außentemperatur von 20 Grad Celsius gut zwanzig Minuten zum Austrocknen. Erst dann kann die Fläche endgültig verspachtelt, geschliffen und lackiert werden (siehe entsprechende Kapitel).

Einschweißen von Reparaturblechen

Dauerhaft, stabil, professionell: So punktet das Einschweißen von Reparaturblechen gegenüber den Polyester/Glasfaser-Verbindungen. Allerdings ist nicht jedes Schweißverfahren für den Automobilbereich mit seinen vergleichsweise dünnen Blechen gleichermaßen geeignet.
Man unterscheidet folgende Schweißverfahren:

- Autogen (Gasschweißen)
  Die Bleche werden durch eine Acetylen-Sauerstoff-Flamme angeschmolzen

und verbunden. In der Regel muß zusätzliches Schweißmaterial eingeschweißt werden.
Im Automobilbereich unvorteilhaft, da die Wärmezufuhr nicht sehr konzentriert ausfällt und Verwerfungen gerade bei dünnen Blechen unvermeidbar sind. Außerdem besteht hohe Brandgefahr.

- Lichtbogenschweißen
  Die Bleche werden durch einen Lichtbogen von einer Metallelektrode aus zum Schmelzen gebracht. Dabei wird die Elektrode mit abgeschmolzen und liefert so das Schweißgut. Das Schweißen setzt bei den dünnen PKW-Blechen besonderes Geschick voraus. Deshalb wird es in diesem Bereich sehr selten angewandt.
- Widerstandspunktschweißen
  Mit einer Schweißzange werden überlappende Bleche mittels Strom auf Schweißtemperatur gebracht und anschließend durch Druck miteinander verbunden. Die einfache Handhabung und die Tatsache, daß die Blechoberfläche nicht beschädigt wird, prädestinieren das Widerstandspunktschweißen für Karosseriearbeiten. Allerdings können nur Bleche miteinander verbunden werden, die von beiden Seiten aus zugänglich sind.
  Die Bleche müssen dicht anliegen sowie rost-, schmutz-, fett- und ölfrei sein. Vor dem Schweißen sollte Zinkstaub aufgetragen werden.
- Schutzgasschweißen
  Bei Karosseriearbeiten am besten einsetzbares Schweißverfahren: Durch die Schweißpistole tritt automatisch Schweißdraht aus, der durch einen Lichtbogen ruhig und spritzfrei verschweißt werden kann. Außerdem entstehen sehr flache Nähte, die sich leicht nachbearbeiten lassen. Schließlich ist der Umgang mit dem Schweißgerät relativ einfach, beim Schutzgasschweißen brennen auch Ungeübte nicht so leicht Löcher ins Blech wie beim Autogenschweißen.

Zum Schließen der Korrosionslöcher werden Reparaturbleche verwendet. Diese müssen aber nicht in jedem Fall eigenhändig zugeschnitten und gebogen werden. Von verschiedenen Herstellern werden für die am meisten von Rost befallenen Stellen am Auto vorgefertigte Reparaturbleche angeboten, so beispielsweise für die Federbeinaufnahme des Radkastens. Dadurch entfällt das teilweise recht schwierige Fertigen von genau anliegenden Blechen. Achtung: Offiziell dürfen Reparaturen an tragenden Teilen nur von Fachwerkstätten ausgeführt werden. Andernfalls kann die Betriebserlaubnis erlöschen. Steht ein solches Blech nicht zur Verfügung, wird es wie folgt angefertigt:

- Ungefähre Größe des Bleches an der Reparaturstelle abmessen
- Blech grob ausschneiden
- Blech an Reparaturstelle anhalten und danach feineren Schnitt festlegen
- Blech exakt ausschneiden
- Blech anhalten und Biegepunkte festlegen
- Blech biegen und anpassen

Abb. 1

Abb. 2

Abb. 3

Vor dem eigentlichen Schweißen muß die Reparaturstelle **(1)** gründlich von Rost befreit werden. Am besten wird sie mit einem Winkelschleifer freigelegt **(2).** Die fertig vorbereitete Stelle muß rundum

Abb. 4

Abb. 5

Abb. 7

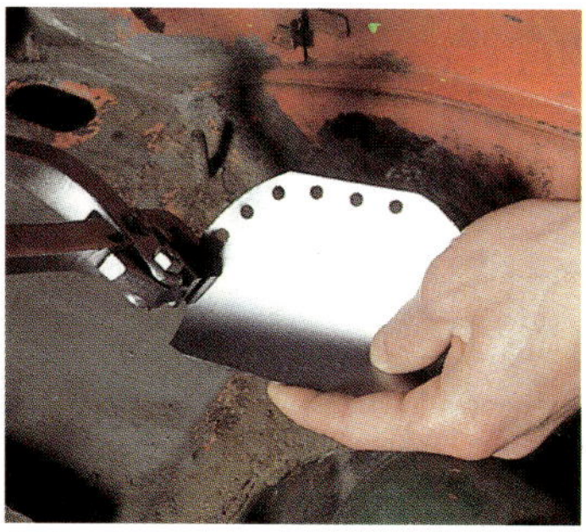

Abb. 6

Abb. 8

Abb. 9

blank liegen **(3),** damit das Reparaturblech aufgeschweißt werden kann. Das Blech wird aufgehalten **(4),** um zu überprüfen, ob auch alle Schweißpunkte auf blankes Blech stoßen. In jedem Fall muß das Blech gut anliegen **(5);** dazu wird es mit einem Hammer beigeklopft. Die Bleche werden nicht nur an den Nähten, sondern auch durch weitere Schweißpunkte festgeschweißt. Diese werden ins Blech eingelocht **(6).** Das Blech wird zunächst an einer Stelle angepunktet **(7)** und dann mit einem Hammer endgültig angepaßt **(8).** Jetzt steht dem Festschweißen **(9)** nichts mehr im Wege.

In der Nachbearbeitung der Stelle wird das Blech zunächst auf eine Höhe mit den anderen Blechteilen geklopft **(10).** Die Schweißpunkte und -nähte glätten Sie mit einem Winkelschleifer **(11).** Die fertig bearbeitete Stelle **(12)** wird jetzt gespachtelt (siehe entsprechendes Kapitel) oder an unauffälligen Stellen wie im Motorraum mit Grundierung **(13)** oder besser noch mit Hohlraumversiegelung oder Unterbodenschutz **(14)** gegen erneuten Rostansatz geschützt.

Abb. 10

Abb. 11

Abb. 12

Abb. 13

Abb. 14

Ausbeulen

Abb. 1

Abb. 3

Abb. 2

Neben der Beseitigung von Rost lassen sich auch kleinere Karosserieschäden wie Dellen oder Beulen im Do-it-yourself-Verfahren beheben. Dazu ist es erforderlich, daß das entsprechende Karosserieteil zunächst einmal wieder annähernd seine Grundform erhält. Bevor Sie also mit Hammer und Gegenhalter ans Ausbeulen gehen, sollten Sie zunächst versuchen, mit der bloßen Hand zu arbeiten. Gerade bei leichten Eindrückungen auf größeren Flächen wie der Tür oder dem Kotflügel erreichen Sie durch bloßes Gegenschlagen mit dem Handballen oder mit einem Gummihammer oft schon erstaunliche Richterfolge. Denn bei solchen Verformungen liegen die Blechverspannungen zumeist an der Außenkante der Beule. Durch die Schläge lösen sich die Verspannungen, das Blech springt in seine ursprüngliche Form zurück.
Bei kleinen Dellen wie bei der Motorhaube im Bildbeispiel **(1)** wird mit Richthammer und Gegenhalter zu Werke gegangen. Richthammer werden mit verschiedensten Köpfen für alle Arten des Ausbeulens angeboten.
Wichtig: Die Schlagfläche des Richthammers sollte keine Kratzer oder Dellen aufweisen. Deshalb Richthammer nicht zum Einschlagen von Nägeln benutzen. Mit dem Richthammer wird das Blech nur verformt – die Form selbst gibt ihm ein Gegenhalter. Auch hier werden verschiedene Arten von Handklötzen angeboten. Zwei oder drei mit unterschiedlichen Wölbungen sollten Ihnen auf jeden Fall zur Verfügung stehen. Gegenhalter bietet der Fachhandel in preiswerten Sets – oft zusammen mit dem dazugehörigen Richthammer – an. Während diese Utensilien unerläßlich sind, kann man zumeist auf weitere Spezialwerkzeuge wie beispielsweise Spitzwerkzeuge zum Ausbeulen von Hohlräumen oder gar einen Richthammer verzichten.
Vor dem eigentlichen Ausbeulen wird zunächst das entsprechende Teil von aufgesprungenem Lack oder Unterbodenschutz befreit. Beim Ausbeulen müssen beide Seiten des Karosserieteils zugänglich sein. Das macht unter Umständen den Aus-

Abb. 4

Abb. 5

bau des beschädigten Teils erforderlich.
Die Wirkung der Richtschläge hängt von der Stellung von Richthammer zu Gegenhalter ab. Direkte Schläge auf den Gegenhalter strekken das Blech, Schläge links und rechts vom Andruckzentrum des Gegenhalters verformen das Blech. Je größer also der Abstand des Schlagpunktes vom Zentrum des Gegenhalters ist, um so größer fällt die Verformung aus. Beim Ausbeulen beginnt man in der Regel zunächst im Zentrum der Beule beziehungsweise an der Knickkante **(2)** und arbeitet dann nach außen weiter **(3).** Perfektes Ausbeulen erfordert Übung, aber kleine Schäden wie an der Motorhaube im Bildbeispiel kann jeder mit etwas Geschick beheben.

Ziel des Ausbeulens ist es nicht nur, daß das Blech seine Form zurückerhält, sondern auch, daß die entsprechende Stelle anschließend gut gespachtelt und lackiert werden kann. Dazu ist es erforderlich, daß keine Dellen über die allgemeine Oberfläche der Karosserie herausstehen, denn mit Spachtelmasse oder Zinn lassen sich zwar Vertiefungen ausfüllen, aber keine Erhöhungen ausmerzen. Zunächst säubert man die ausgebesserte Stelle mit einem Winkelschleifer oder grobem Schleifpapier von aufgesprungenen Lackresten **(4)**. Kleinen Dellen kommt man am besten mit einem Karosseriehobel auf die Spur. Wird mit ihm die entsprechende Stelle abgeschliffen, spürt man beim Schleifen die Erhebungen oder erkennt sie nach dem Schleifen an besonders starkem Abrieb **(5)**.
Die Bearbeitung größerer Schäden unterscheidet sich prinzipiell nicht von der Behebung kleinerer. Allerdings muß in der Regel zunächst mit gröberen Mitteln zur Tat geschritten werden. Statt der Hand kommt so beim Zurückführen in die Grobform ein Richthammer zum Einsatz **(6).** Auch hier wird anschließend mit Hammer und Gegenhalter weitergearbeitet **(7).**
Bei grob beschädigten, aber leicht wechselbaren Karosserieteilen wie Kotflügel, Haube oder Tür empfiehlt es sich, diese zu wechseln. Statt Original-Neuteile zu kaufen, kann man sich gerade bei älteren Modellen auch

Abb. 6

Abb. 7

auf Schrottplätzen oder bei kleineren Werkstätten nach gebrauchten Teilen umsehen. Wichtig beim Einbau: das genaue Einpassen. Kotflügel ist nicht gleich Kotflügel. Sie fallen immer etwas anders aus. Deshalb zunächst alle Ansatzkanten gründlich von Unterbodenschutz reinigen und dann den Kotflügel grob anhalten. Dabei wird besonders auf die Kanten zu den benachbarten Karosserieteilen wie der Tür oder der Motorhaube geachtet. Der Abstand sollte überall gleich ausfallen.

Spachteln

Nach der Grundbearbeitung größerer Roststellen oder dem Ausbeulen von Karosserieschäden wird das entsprechende Karosserieteil gespachtelt und grundiert. Die Voraussetzungen dafür: Es dürfen keine Erhebungen mehr über die Karosserieoberfläche hinausstehen. Der Untergrund sollte staub- und dreckfrei sein – am besten säubert man die Oberfläche mit Druckluft von Staub und reinigt unbeschädigte Karosserieteile, die mitlakkiert werden sollen, mit Lackreiniger. Außerdem darf die Oberfläche keine Fettspuren aufweisen – dazu reibt man sie mit Verdünnung oder besser mit Siliconentferner noch einmal gründlich ab.
Man unterscheidet drei Arten von Spachtel:

- Polyesterspachtel
  Grobe Struktur. Eignet sich zur Verarbeitung in Verbindung mit Glasfasermatten oder zum Stopfen kleinerer Roststellen. Auch größere Unebenheiten an schwer erreichbaren Stellen können mit Polyesterspachtel ausgefüllt werden.
- Füll- und Ziehspachtel
  Feinere Struktur. Mit ihm werden sauber vorbearbeitete Roststellen und kleinere Karosserieschäden bis zu einer Tiefe von einem Zentimeter ausgeglichen.
- Fein-, Spitz- oder Messerspachtel
  Sehr feine Struktur. Mit ihm werden auch kleinste Unebenheiten wie Kratzer oder Vertiefungen nach dem Schleifen des Füllspachtels ausgeglichen.
  Er wird in verschiedenen Arten angeboten.

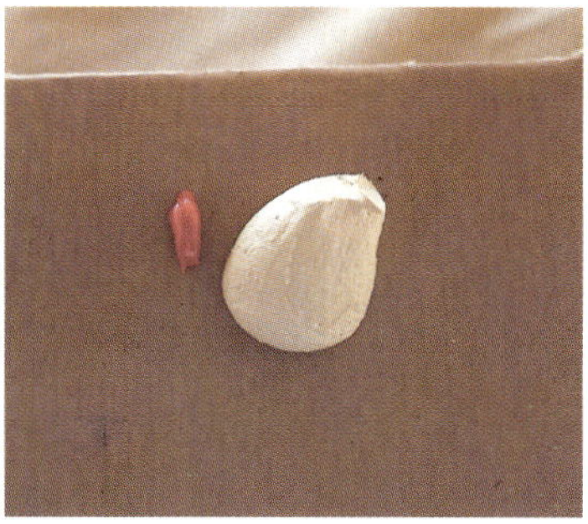
Abb. 1

Abb. 3

Abb. 2

Viele Spachtelarten bestehen aus zwei Komponenten: der Spachtelmasse und dem Härter **(1).** Der Härter wird unmittelbar vor dem Verarbeiten der Spachtelmasse beigemengt. Wie beim Anrühren von Gips mit Wasser verbleibt nach dem Vermengen nur eine kurze Zeitspanne zum Verarbeiten der Masse. Diese nennt man in der Fachsprache „Topfzeit". Die Topfzeit ist von der Temperatur und von der Menge des beigegebenen Härters abhängig; sie beträgt in der Regel aber nur wenige Minuten. Deshalb immer nur soviel Masse mit Härter vermengen, wie in den nächsten Minuten verarbeitet werden kann.
Aus diesem Grund empfiehlt es sich auch, vor dem Ver-

Abb. 4

Abb. 5

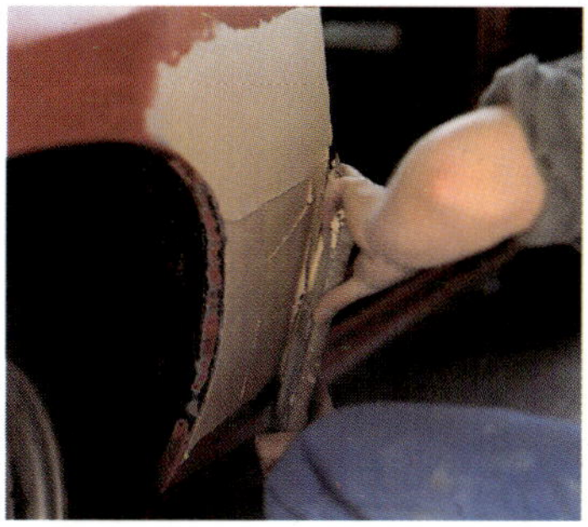

Abb. 6

mengen die Reparaturstelle auf die Arbeit vorzubereiten und die benötigten Spachtel bereitzulegen. Die Spachtelmasse wird mit sogenannten Japanspachteln aufgetragen, die sehr dünn und biegsam sind. Die Spachtel nutzt man schon zum Vermengen von Härter und Masse. Sie werden auf einer glatten, nicht ausfasernden Fläche vermengt, beispielsweise einer Glasscheibe, einem Karton oder einer beschichteten Holzplatte **(1).** Der Härter ist in der Regel rot. Beim Vermengen mit den Japanspachteln **(2)** muß er so untergemischt werden, daß das Rot in der Masse nicht mehr auszumachen ist **(3).**

Gekonntes Spachteln

Der häufigste Fehler, der beim Spachteln gemacht wird, ist, daß man schon im ersten Arbeitsgang versucht, eine perfekte Fläche zu spachteln. Weitaus sinnvoller ist es, in einem ersten Spachtelgang nur die betreffende Stelle formgebend auszuspachteln, um dann in einem oder zwei weiteren Schritten die Fläche fein auszuarbeiten. Beim Spachteln wird die Masse nicht nur in einer Richtung abgezogen, sondern wahlweise entweder zuerst von oben nach unten **(4)** und dann von links nach rechts **(5)** oder umgekehrt. Beim Abziehen wird der Spachtel auf einem geraden Blechstück angesetzt und dann erst über die Reparaturstelle gezogen. Beim letzten Abziehen jedes Arbeitsganges sollte der Winkel ungefähr 90 Grad betragen – so erleichtern Sie sich das anschließende Schleifen **(6).**

Die Spachtelmasse ist so lange verarbeitungsfähig, wie sie nicht krümelt. Bilden sich allerdings die ersten festen Verbindungen, sollten Sie den Spachtelvorgang sofort beenden, denn die kleinen Klümpchen führen beim Abziehen zu Rillen und Löchern, die die ganze bis dahin geleistete Arbeit zunichte machen können.

Nach jedem Spachtelgang muß die Masse gründlich austrocknen. Dafür sollten Sie – je nach Menge des beigemischten Härters und der verarbeiteten Masse – mindestens zehn, besser fünfzehn Minuten einkalkulieren. Wird zuviel Spachtelmasse auf einmal verarbeitet oder zu wenig Härter beigemengt, kann es sogar Stunden dauern, bevor mit der Weiterbearbeitung fortgefahren werden kann. Nach jedem Spachtelgang muß die Fläche geschliffen werden – und das nicht nur, um überstehenden Spachtel zu entfernen, sondern auch, um den weiteren Schichten einen ausreichenden Haftungsgrund zu bieten. Gerade bei größeren Flächen wie der Haube, der Tür oder dem Kotflügel schmirgeln Sie zwischen den einzelnen Arbeitsgängen am besten mit einem Winkelschleifer und grober Körnung. Durch die breite Auflagefläche des Winkelschleifers erhalten Sie besonders einfach gerade Flächen. Allerdings ist mit dem Winkelschleifer kein wirkliches Glattschleifen möglich. Das erreichen Sie nur in Handarbeit beim Einsatz eines Schleifklotzes. Im Handel werden spezielle Kork-Schleifklötze angeboten; aber auch ein Hartholzklotz aus der Tischlerei tut es. Ist die letzte Schicht des Ziehspachtels aufgetragen, kann nicht mehr grob und trocken geschliffen werden. Die Rillen und Ritzen, die dabei entstehen, wären einfach

zu tief. Am besten schleift man diese Schicht mit Naßschleifpapier in 500er Körnung ab.
Die letzte Schicht Feinspachtel entscheidet maßgeblich über den Erfolg Ihrer Arbeit. Denn wird sie nicht sauber ausgeführt beziehungsweise nicht sauber geschliffen, ist dies nach der Lackierung deutlich zu sehen. Überhaupt: Das Schleifen ist ebenso wichtig wie das Spachteln. Profis verwenden auf das Schleifen oft die gleiche Zeit wie für alle anderen Arbeiten zusammen.
Wer ganz sichergehen möchte, daß die Oberfläche auch wirklich gerade gespachtelt und geschliffen ist, setzt zur Kontrolle ein langes Metalllineal ein. Wo es nicht aufliegt, muß noch nachgespachtelt, wo sich Wölbungen zeigen, nachgeschliffen werden.
Füll- oder Ziehspachtel wird in der Regel auf Polyester- oder Alkydbasis angeboten. Für die letzte Oberflächenbearbeitung empfiehlt sich allerdings der etwas teure Metallic-Spachtel. Er ist besonders ziehfähig, so daß sich sehr glatte Oberflächen erzielen lassen **(7).** Der Name hat übrigens nichts mit Metallic-Lack zu tun; er bezieht sich auf das Aluminiumpulver, das dieser Spachtelart beigemengt ist.
Aber auch Metallic-Spachtel ist selbst bei feinstem Schleifen noch zu grob für den Lackauftrag. Es muß unbedingt noch ein Feinspachtel aufgestrichen oder aufgespritzt **(8)** werden. Am häufigsten wird Nitro-Kombinationsspachtel eingesetzt, der eine

Abb. 7

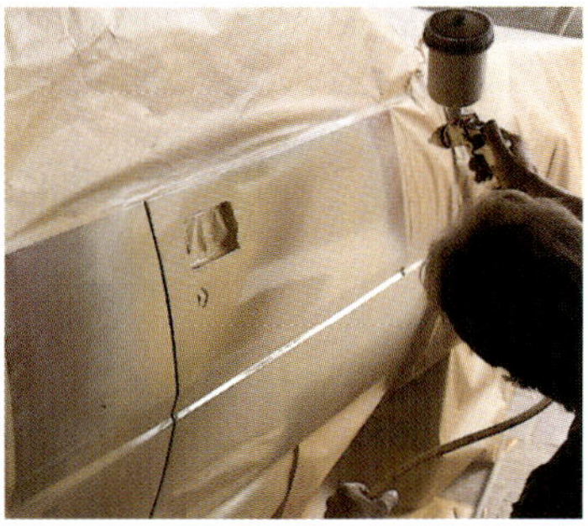

Abb. 8

porenfrei Fläche bietet. Allerdings muß er unbedingt sehr dünn aufgetragen werden. Das bedeutet, je nach Vorarbeit, daß mehrere Schichten aufgetragen werden müssen. Die Trocknungszeit beträgt gut 40 Minuten. Deshalb greift man immer öfter zu Nitro-Acryl-Feinspachteln. Diese können auch in einer dickeren Schicht aufgebracht werden. Beide Materialien müssen nicht mit einem Härter vermengt werden. Anders der Polyesterfüllspachtel, bei ihm muß gemischt werden. Er besitzt dafür den Vorteil, daß man mit ihm auch noch kleinere Unebenheiten gut ausbessern kann. Er wird deshalb vorzugsweise dort eingesetzt, wo nicht mit anderen Spachtelmassen vorgearbeitet werden mußte, beispielsweise bei kleinen Steinschlagstellen.
Wer über die Möglichkeit verfügt, mit Kompressor und Spritzpistole zu arbeiten, kann den Feinspachtel auch aufspritzen. Empfehlenswert ist dabei eine Düsengröße von 2 bis 2,5 Millimetern und ein Spritzüberdruck von 3 bis 4 bar. Der Abstand zur Fläche sollte gut 25 Zentimeter betragen. Für das Aufspritzen dieses Zwei-Komponenten-Spachtels gelten die gleichen Grundsätze wie für das Aufbringen von Lacken (siehe folgendes Kapitel).
Zum Abschluß der Vorarbeiten wird ein letztes Mal geschliffen, diesmal selbstverständlich fein und naß **(9),** damit der neue Lack nicht nur eine glänzende, sondern auch eine glatte Figur macht.

Verzinnen

Abb. 1

Abb. 3

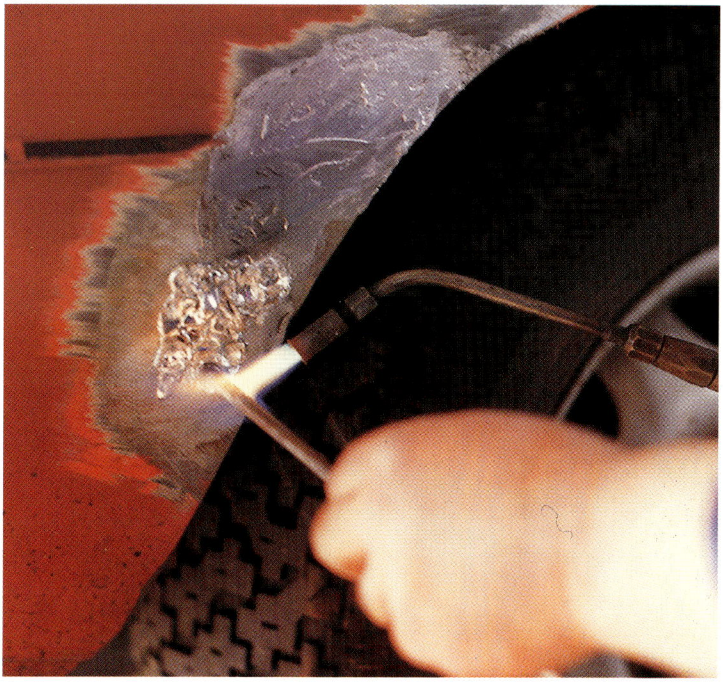

Abb. 2

Anstatt sie grob auszuspachteln, kann die entsprechende Stelle auch verzinnt werden. Der Vorteil gegenüber dem Spachtel: Das Material ist härter und haltbarer. Der Nachteil: Das Aufbringen ist komplizierter als beim Spachteln. Der Begriff Verzinnen ist leicht irreführend: Verarbeitet wird Schmierzinn, der nur zu einem knappen Drittel aus Zinn, zu gut zwei Dritteln aber aus Blei besteht.
Als Arbeitsmaterialien müssen bereitstehen: ein Schweißbrenner oder eine Lötflamme zum Schmelzen, ein Holzsspachtel zum sauberen Verteilen und eine Fräserfeile zum Schleifen. Weiter benötigen Sie neben dem Schmierzinn wasserlösliche Lötpaste und Zinnpulver.
Zunächst wird die zu bearbeitende Stelle bis aufs bloße Blech freigelegt und gründlich gereinigt.
Die Lötpaste vermengen Sie mit dem Zinnstaub und schmieren den gesamten Arbeitsbereich damit ein. Dann wird die Fläche mit dem Schweißbrenner (größte Düse, schwache Flamme) oder der Lötflamme erwärmt und überflüssige Lötpaste abgeputzt. Während des Verzinnens muß die gesamte Fläche ständig erhitzt bleiben. Die Zinnstange gegen das Blech drücken **(1)** und mit dem Brenner zum Schmelzen bringen **(2).** Der Zinn sollte eine zähflüssige, dicke Masse bilden. Diese verteilen Sie mit dem Holzspachtel über die Fläche. Dabei in mehreren Schichten arbeiten und beim letzten Auftrag besonders sorgfältig verteilen. Achtung: Nicht mit dem Zinn auf lackierte Flächen kommen – häßliche Blasen wären die Folge.
Nachdem der Zinn abgekühlt ist, wird er mit der Feile glattgeschliffen **(3).** Anschließend muß die verzinnte Stelle besonders sorgfältig gereinigt werden. Dazu wird sie mehrmals mit Wasser abgespült. Alle Flußmittel- und Fettreste müssen gründlich beseitigt sein, damit das anschließende Feinspachteln und das Lackieren auch die gewünschten Ergebnisse bringen.

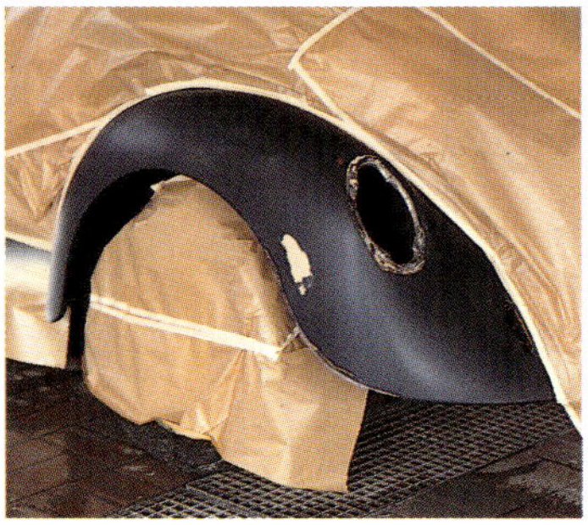

Abb. 1

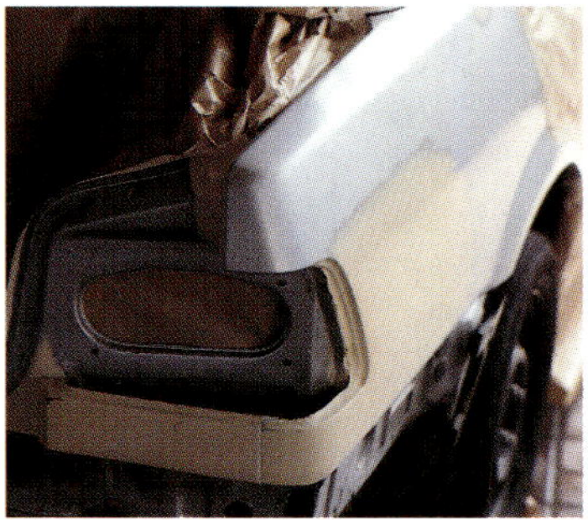

Abb. 2

Abkleben

Karosseriereparaturen stehen und fallen mit der Sorgfalt, mit der man sie verrichtet. Das gilt besonders fürs Abkleben. Denn werden unbeschädigte Fahrzeugteile beim Lackieren nicht bestens geschützt, treten häßliche, oft nur mühsam zu beseitigende Flecken auf. Vor dem eigentlichen Abkleben steht oft das Abbauen. Denn ob Außenspiegel, Zierleisten, Scheibenwischer, Türgriffe oder Wischwasser-Spritzdüsen – oft ist es erheblich einfacher, Kleinteile zu demontieren als abzukleben.
Zum Abkleben benutzt man ganz normales Abklebeband. Besonderes Augenmerk gilt allen Fenstergummis. Diese heben Sie am besten kurz an und beginnen beim Umkleben von unten. Das Klebeband sollte nach Möglichkeit bei einer Kante durchgehend aufgeklebt werden – Ansatzstellen bilden potentielle Fehlerpunkte. Größere Flächen (Scheiben) werden mit Zeitungen abgeklebt **(1).** Dabei nicht nur den Rand, sondern auch die Zeitungen selbst befestigen, denn beim Lackieren entsteht erheblicher Luftdruck. Außerdem auf mögliche kleine Löcher achten.
Beim Auflegen der Zeitungen sollten Sie nicht mit Papier sparen, die einzelnen Bögen sollten sich gut zehn Zentimeter überlappen.
Abgeklebt wird immer nur an Kanten und Ecken, nicht mitten in einer ganzen Fläche wie quer über die Motorhaube oder den Kotflügel. Denn solche Kanten sehen nach dem Lackieren wie Nähte aus – so groß ist der Unterschied zwischen dem alten und dem neuen Lack. Selbst ein gründliches Aufpolieren des alten Lacks macht diese Kanten nicht unsichtbar.
Bei ausgebauten Scheinwerfern oder sonstigen Öffnungen wird von innen ein Stück Pappe gegengesetzt **(2).** Bei kleinen Räumen oder geringer Deckenhöhe sollte in jedem Fall das gesamte Fahrzeug geschützt werden, nicht nur rund um die Reparaturstelle. Denn der Lacknebel besitzt die unangenehme Eigenschaft, sich auch dorthin zu verflüchtigen, wo man ihn nicht sehen möchte. Weiter entfernt von der eigentlichen Lackierfläche kann zum Abkleben auch preiswerteres Kreppband benutzt werden.

Zum Abdecken der Reifen empfehlen sich alte Decken oder Tücher. Damit aus ihnen beim Lackieren kein Staub herausgeblasen wird, sollten Sie die Stoffe vor dem Auflegen gut durchfeuchten.

Lackieren

Lacke werden nach Auftrag und Aufbau unterschieden. Bei der Uni-Lackierung wird nur ein Lack gespritzt, bei der Zweischicht-Metallic-Lakkierung muß zunächst die Farbe und dann Klarlack aufgetragen werden. Weiter differenziert man nach Art der Zusammensetzung beispielsweise Nitro-Kombinationslack oder Lack auf Kunstharz- und Acrylharzbasis. Wichtig: Nicht jeder Lack verträgt sich mit jedem andern, am besten arbeitet man mit Lak-

---

SICHERHEITSHINWEIS

Ob Schleifen oder Lackieren – die Arbeiten sind gesundheitsgefährdend, wenn Sie sich nicht schützen. Unerläßlich ist das Tragen von Masken oder Filtern beim Abschleifen und Lackieren. Das Einatmen des Schleifstaubs ist ebenso gefährlich wie das der Lackierdämpfe. Diese können außerdem Hautentzündungen verursachen. Deshalb beim Spritzen in geschlossenen Räumen Schutzkleidung tragen, zumindest aber Handschuhe und Gesichtsschutz. Sorgen Sie anschließend für eine gute Lüftung.

ken auf derselben Basis. Da leider nirgendwo vermerkt ist, auf welcher Basis der Originallack Ihres Fahrzeugs aufgebaut ist, fällt die richtige Farbwahl schwer. Kann Ihnen auch die Fachwerkstatt nicht weiterhelfen, sollten Sie zu Lacken auf Kunstharzbasis greifen, die vertragen sich nämlich noch am besten mit allen anderen. Bei Spraydosen aber ist oft nicht vermerkt, auf welcher Basis der Inhalt aufgebaut ist. Hier müssen Sie sich beim Fachverkäufer erkundigen.
Damit ist das Thema Lackaufbau und Verträglichkeit leider immer noch nicht erschöpft. Denn bestimmte Lackarten vertragen sich nur mit bestimmten Spachtelarten und Untergründen. So kommen Sie bei Nitro-Kombinationslack auch nur auf einem Nitro-Untergrund sicher zu positiven Ergebnissen.
Am besten fahren Sie, trotz aller grundsätzlichen Schwierigkeiten, wenn Sie auf normalem Untergrund mit Acrylharz-Lacken arbeiten. Alles andere sind Spezialfälle, die nicht der Regel entsprechen. Aber gleich, wie es um den Aufbau des Lacks bestellt ist: Auf jeden Fall sollte die Farbe exakt der Ihres Wagens entsprechen. Die genaue Farbbezeichnung finden Sie auf einem Schild im Fahrzeug, das zumeist im Motorraum, an den Türholmen oder im Kofferraum angebracht ist. Die genaue Bezeichnung müssen Sie kennen – den richtigen Lack nach Augenmaß zu kaufen ist wegen der Vielzahl der annähernd gleichen Farben fast unmöglich.

Abb. 3

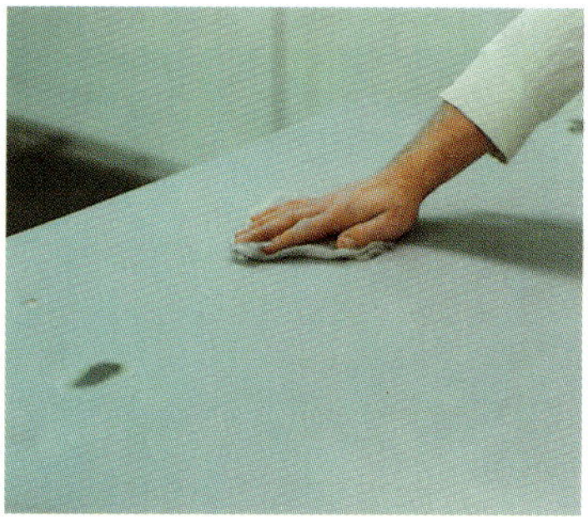
Abb. 4

Saubere Ergebnisse können Sie nur erzielen, wenn der Lack aufgespritzt wird, sei es mit Kompressor und Spritzpistole oder per Spraydose. Das Arbeiten mit Kompressor und Spritzdüse ist professionell. Im Gegensatz dazu hat die Spraydose erhebliche Nachteile. Vor allem wird die Lackierung teurer. Wie viele Spraydosen Sie zum Lackieren einer bestimmten Fläche benötigen, läßt sich nicht generell sagen. Denn je nach Aufbau besitzen die Lacke unterschiedliche Füll- und Deckkraft. Beides wird zudem noch von der Art des Untergrundes und der Farbe beeinflußt. In der Regel dekken rote und gelbe Lacke beispielsweise wesentlich schlechter als andere. Generell gilt beim Kauf von Spraydosen: Lieber eine Dose mehr kaufen und sie, falls sie nicht benötigt wird, wieder umtauschen, als während des Lackierens feststellen, daß der Lack nicht reicht. Dann muß nämlich mit der kompletten Lackierung von vorne begonnen werden.

Grundsätze des Lackierens

Die Güte der Lackierung hängt immer von der Güte der Vorarbeit ab. Der Untergrund muß nicht nur porenfrei gedeckt sein, sondern es darf sich auch absolut kein Staub oder Fett auf der Oberfläche befinden. Bei der Beseitigung des Staubs genügt es nicht, nur die betreffende Stelle sauber abzuputzen. Auch im Lackierraum sollte sich nach Möglichkeit kein loser Staub mehr befinden. Profis pusten zunächst jede Ecke und Ritze des Fahrzeugs mit Druckluft aus, um alle Staubpartikeln zu lösen **(3).** Im zweiten Schritt sprühen sie den Raum mit Wasser ab, um lose Staubpartikeln zu binden. Nach dem gründlichen Waschen und Trockenlegen der zu spritzenden Fläche muß unbedingt mit einem Silicon-Entferner nachgeputzt werden **(4).** Anschließend sollte man vor allem jeden Körperkontakt mit der Fläche vermeiden. Einen entscheidenden Einfluß auf das Gelingen der Lackierung hat die Außentemperatur. Generell gilt: Je heißer, um so besser. Unter 20 Grad Celsius Raumtemperatur hat es keinen Zweck, zu lackieren. Im Freien ver-

Abb. 5

bietet sich das Lackieren von selbst, denn gleich ob nur Staub oder gar Fliegen mitaufgespritzt werden, das Ergebnis wird selten einwandfrei ausfallen.
Nicht weniger wichtig ist die Temperatur der Spraydose. Sie sollte bei 20 bis 25 Grad Celsius liegen. Denn je höher die Temperatur, um so größer ist der Druck, unter

Abb. 6

Lackieren im Kreuzgang

Abb. 7

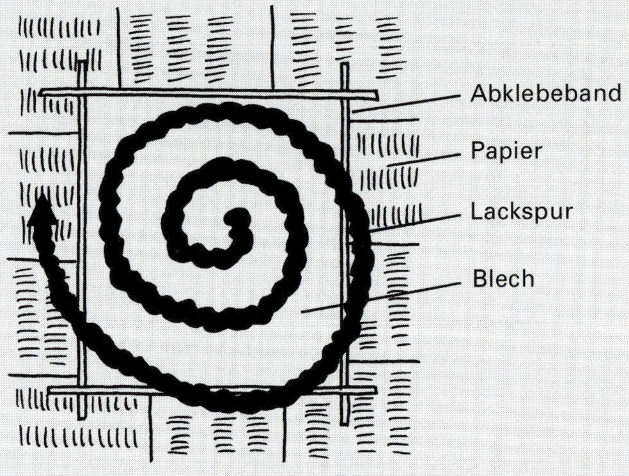

spiralförmiges Lackieren

Abb. 8

dem die Lackpartikel entweichen. Erwärmen Sie die Spraydose unter fließendem 30 Grad Celsius warmem Wasser auf diese Temperatur, beträgt der Überdruck in der Dose gut 3 bar – ein optimaler Wert. Dieser sollte auch vom Kompressor erreicht werden. Aber Achtung beim Erwärmen der Sprühdosen: Diese vertragen nur eine maximale Hitze von 40 bis 50 Grad Celsius.
Ebenso wichtig ist eine gute Vorbereitung der Arbeitsmittel beim Spritzen mit Kompressor und Pistole. Die Pistole muß völlig sauber sein. Überprüfen Sie vor dem Eingießen des Lacks die Funktionsfähigkeit des Arbeitsmittels. Der Lack wird – je nach Aufbau – um 100 bis 150 Prozent verdünnt. Es empfiehlt sich, die Lackmischung durch einen Filter in die Pistole einzugießen **(5).**
Bevor Sie mit dem Spritzen beginnen, sollten Sie prüfen, ob und in welcher Richtung ein Luftzug im Raum besteht. Wenn dies der Fall ist, sollte in Richtung des Luftzuges lackiert werden. Andernfalls kann der Lacknebel zu Problemen führen.
Ziel ist ein gleichmäßig dekkender Lackauftrag. Um ihn zu erreichen, muß beim Lakkieren der Abstand der Düse zur Fläche immer gleich gehalten werden. Gut zwanzig Zentimeter Abstand gelten als ideal **(6).** Spritzt man aus zu großer Entfernung, reicht der Druck nicht aus, die Lackpartikeln so auf die Oberfläche prallen zu lassen, daß sie verlaufen. Eine grießige Oberfläche entstünde. Geht man zu nahe heran, sprüht man sehr leicht zuviel Lack auf einmal auf; Lackläufer entstehen, häßliche „Tränen".
Wenn die Vorarbeiten optimal ausgeführt wurden und sich Alt- und Neulack sowie der Untergrund bestens miteinander vertragen, sind dennoch Lackläufer der am häufigsten auftretende Lackierfehler. Sie entstehen vor allem dann, wenn beim Lakkieren versucht wird, bereits im ersten Durchgang eine volle Deckung zu erreichen. Eine gute Lackoberfläche erfordert allerdings mehrere Lackiergänge, die so ausgeführt werden sollten, daß dem Lack übermäßiges Verlaufen erschwert wird. Dafür hat sich in der Praxis der sogenannte Kreuzgang bewährt, wobei man beim Lackieren zunächst eine Art Gitter anlegt (siehe Zeichnung, **7**).
Beginnen Sie mit dem Lakkieren links oben, und ziehen Sie eine Gerade nach rechts. Außerhalb der zu lackierenden Fläche wird ohne Absetzen „gewendet", parallel zur ersten Gerade ziehen Sie jetzt eine zweite von rechts nach links darunter. Auf diese Weise legen Sie zunächst mehrere waagerechte Lackspuren an. Dann wiederholen Sie den Arbeitsgang von oben nach unten: Links oben ansetzen, eine Senkrechte nach unten spritzen, außerhalb der Fläche wenden und von unten nach oben lackieren. So entsteht ein Gitter.
Entscheidend sind unter anderem die Wendepunkte: Liegen sie innerhalb der zu lakkierenden Fläche, wird hier viel mehr Lack aufgetragen als auf den Geraden – Lackläufer sind damit vorprogrammiert. Auch das Ansetzen, also der Start des Spritzens, sollte aus diesem Grund außerhalb der Lackierfläche erfolgen. Nach dem ersten Durchgang muß Sie nicht irritieren, daß die Fläche zunächst sonderbar aussieht. Denn schon nach einer kurzen Ablüftzeit von dreißig bis fünfzig Sekunden lackieren Sie zügig das nächste Gitter versetzt auf, so daß eine schon recht geschlossene Decke entsteht. Der Vorteil dieser Methode: Durch die Ablüftzeit zieht die erste Lackschicht schon ein wenig an, das Gitter dient förmlich als eine Art Halterung für den zweiten Lackauftrag.
Wenn die Ablüftzeit nicht mehr als 40 Sekunden beträgt, löst der zweite Lackauftrag den ersten noch einmal an, beide verfließen zu einer Fläche.
Nach einer etwas längeren Ablüftzeit – je nach Temperatur rund eine Minute – erfolgt dann der abschließende Auftrag, wiederum im Kreuzgang. Jetzt sollten Sie darauf achten, daß die Fläche komplett gedeckt wird. Ist dies auch nach dem dritten Durchgang nicht überall der Fall, nicht einfach die Sprühdose oder Spritzpistole auf die betreffenden Stellen richten und nachbessern! Das führt automatisch zu Lackläufern. Profis warten statt dessen noch einmal zwei Minuten und spritzen dann einen vierten Kreuzgang auf. Würden nach der Ablüftzeit nur die noch nicht deckenden Stellen nachgebessert, entstände im neuen Lack keine durch-

gehend glatte Oberfläche. Sollen nur ganz kleine Flächen gespritzt werden, empfiehlt sich der Kreuzgang allerdings nicht. Dann trägt man den Lack in mindestens zwei Schichten spiralförmig auf **(8)**. Dabei beginnen Sie außen und ziehen die Lackspur durch Kreisbewegungen nach innen. Besonders wichtig: Auf keinen Fall Pistole oder Spraydose zwischendurch absetzen; Dose nach Möglichkeit senkrecht halten. Übrigens: Wenn Sie nicht besonders geübt im Lackieren sind, empfiehlt es sich, zunächst eine Trockenübung durchzuführen. Kontrollieren Sie dabei, ob Sie stets den richtigen Abstand zur Karosserie einhalten, ob Sie außerhalb der zu lackierenden Fläche wenden und ob Ihre Lackierbewegung gleichmäßig ist.
Sollten Ihnen dann beim Lakkieren dennoch Fehler unterlaufen, sind diese reparabel. Bei völlig mißglückten Lakkierversuchen hilft nur eines: Den neuen Lackauftrag sofort wieder beseitigen und noch einmal ganz von vorn beginnen. Zum Entfernen des Lacks benutzen Sie zunächst einen Holzspachtel, um ihn weitgehend vom Blech herunterzuschaben. Anschließend wird die Fläche mit Verdünnung gründlich gereinigt. Vor einem nächsten Spritzversuch nicht vergessen, die Fläche mit Siliconentferner zu bearbeiten.
Haben sich nur eine oder zwei Tränen gebildet, können diese allerdings nachbearbeitet werden. Zunächst lassen Sie den Lack gut zwölf Stunden durchtrocknen. Dann trennen Sie die Träne mit einer scharfen Klinge von der Fläche. Jetzt warten Sie wiederum gut eine Woche, bis der Lack vollständig durchgetrocknet ist. Mit einem kleinen Stück Naßschleifpapier der Körnung 600 schleifen Sie ganz vorsichtig noch überstehende Reste des Lackläufers ab. Zum Schluß polieren Sie die Stelle mit Polierpaste auf Naßschleifpapier der Körnung 1000 vollständig bei.
Noch ein Tip, falls sich beim Lackieren ein Fliege, ein Faden oder ein Haar mit im Lack abgesetzt hat: Entfernen Sie solche Schmutzeinschlüsse sofort vorsichtig mit einer Pinzette und streichen Sie den Lack mit einer Stecknadel glatt. Mit etwas Glück schließt die noch frische Farbe die Stelle vollständig. Auch Blasenbildungen während des Lackierens bearbeiten Sie am besten sofort mit einer Stecknadel. Wird die Blase, die beispielsweise beim Spraydosenlakkieren durch das Treibmittel entsteht, im frischen Lack rechtzeitig angestochen, so verläuft dieser zu einer glatten Fläche.
Eine Zweischicht-Metallic-Lackierung wird ähnlich aufgetragen wie die Uni-Lackierung. Zunächst wird in zwei bis drei Kreuzgang-Durchgängen der Grundlack aufgespritzt. Die Ablüftzeiten betragen hierbei jeweils gut fünf Minuten. Dabei ist die Gefahr groß, daß die Fläche scheckig ausfällt. Dieses Risiko können Sie beim Spritzen mit Kompressor vermeiden, indem Sie den Spritzüberdruck erhöhen, so daß das Material gut zerstäubt wird. Erschrecken Sie nicht, wenn die Oberfläche anschließend matt und stumpf aussieht. Denn der Glanz kommt erst mit dem Klarlack. Dabei handelt es sich in der Regel um Zwei-Komponenten-Material. Der Lack wird im Verhältnis zwei zu eins mit dem Härter unter Zusatz von Verdünnung (siehe Angabe des Lackherstellers) vermengt. Gut zwanzig Minuten nach dem letzten Auftrag des Basislacks wird nun der Überzugslack in zwei bis drei Schichten aufgetragen. Die Ablüftzeit für jede Schicht beträgt gut fünf Minuten.

Motordiagnose

Drei Dinge braucht der Motor: Strom, Sprit und Luft. Nur wenn alle drei stimmen, kann er richtig laufen. Läßt die Fahrleistung nach, ruckelt und bockt der Motor oder springt schlecht an, dann muß das noch lange nicht bedeuten, daß er schrottreif ist. In den meisten Fällen sind nur kleinere Reparaturen notwendig, die man auch mit etwas Geschick selbst ausführen kann.
Nur selten bedeutet eine Motorpanne unterwegs auch, daß der Wagen in die nächste Werkstatt geschleppt werden muß. Mit der richtigen Diagnose kommt man dem Übel meist selbst auf die Spur – die Reparatur ist dann oft nur noch eine Kleinigkeit.

Motordiagnose allgemein

Voraussetzung für das Laufen eines Motors sind die Explosionen in den Zylindern. Aus ihnen schöpft der Motor die Kraft. Dabei wird ein Gemisch aus Benzin und Luft durch einen elektrischen Funken gezündet. Bei der Leistung, die alle Automotoren – auch die kleinsten und ältesten – vollbringen, versteht es sich von selbst, daß sie höchst sensible Maschinen sind. Das System zeigt sich – fast wie ein Mitteleuropäer – vor allem wetterfühlig: Es ist anfällig bei extremen Hitze- und Kältegraden und erst recht bei Feuchtigkeit und Nässe. Und natürlich kommt es mit zunehmendem Alter zu Verschleißerscheinungen.
Der beste Weg, Motorpannen vorzubeugen, ist deshalb, den Motor fit zu halten, ihn zu warten (siehe Seiten 19 bis 34). Doch auch die beste Wartung feit nicht vor Aussetzern.
Tritt der Pannenfall ein, gilt es als erstes zu überprüfen, ob die Explosion im Zylinder überhaupt stattfinden kann, sprich, ob Luft-, Benzin- und Stromzufuhr stimmen. Zeigen die Bordinstrumente – vor allem die Tanknadel, aber auch Wasser-, Öltemperatur- oder Öldruckmesser – keine Störungen an, muß sondiert werden, was von den dreien fehlt oder nur mangelhaft zuströmt.

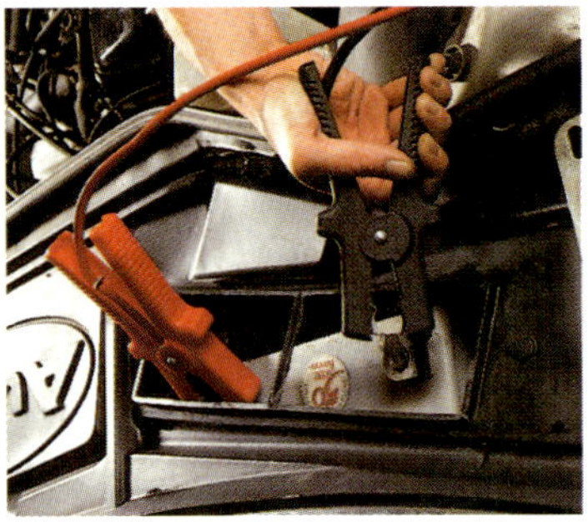
Abb. 1

Abb. 2

Abb. 3

Motor springt nicht an

Gewissermaßen stellt ein überhaupt nicht anspringendes Fahrzeug einen Sonderfall dar, da Batterie und Anlasser Funktionen übernehmen, die bei laufendem Motor nicht mehr gefragt sind und weil besondere Funktionsströungen wie das „Absaufen" auftreten können, vor allem wenn der Motor lange Zeit nicht gelaufen ist.
Damit der Motor überhaupt zum Laufen kommen kann, muß die Batterie zum einen den Zündstrom liefern – ansonsten übernimmt das die Lichtmaschine –, zum anderen den Anlasser ausreichend versorgen, daß er den Motor anwerfen kann. Ob ein Defekt am Anlasser vor-

liegt, verrät ein Hörtest:

- Jammern: Die Batterie liefert nicht mehr ausreichend Strom. Am schnellsten behilft man sich mit einem Starthilfekabel und einem zweiten Fahrzeug. Zunächst die beiden Enden des roten Kabels an die Pluspole beider Batterien anlegen, dann erst die Minuspole miteinander verbinden **(1)** oder Minus des zweiten Wagens an Masse des nicht anspringenden Wagens anlegen. Andernfalls kann es kräftige Funken schlagen. Das Pannenfahrzeug nur starten, wenn der andere Motor läuft.
- Klick-Geräusch: Ist beim Anlassen nur ein deutliches Klick-Geräusch zu hören und zeigt gar ein Voltmeter an, daß ausreichend Strom vorhanden ist, liegt ein Defekt am Anlasser vor. Dieser muß dann gewechselt werden. Klemmt der Anlasser, kann man für einen provisorischen Start versuchen, die Verspannung durch leichte Hammerschläge auf den Anlasser zu lösen **(2)**.
- Gar kein Geräusch: Ist trotz geladener Batterie kein Geräusch zu hören, findet keine Stromzufuhr zum Anlasser statt. Der Stromweg zum Anlasser muß überprüft werden. Besonders häufig liegt ein Massefehler vor. Hitze mindert die Leitfähigkeit. Wenn beispielsweise nach einer längeren Fahrt im Sommer auf der Autobahn eine kurze Pause eingelegt wird und das Fahrzeug anschließend nicht anspringt, am Massekabel, das vom Motorblock zur Karosserie führt, rütteln **(3)**.

Bringt der Hörtest keine Aufschlüsse und arbeiten Batterie und Anlasser ordnungsgemäß, muß die Fehlerquelle auf den drei Ebenen Luft, Benzin und Strom gesucht werden – wie bei Motoren, die nicht rund laufen.

Einen Sonderfall stellt in dieser Hinsicht das sogenannte Absaufen des Zylinders dar. Darunter versteht man, daß sich die Zylinder so mit dem Luft-Benzin-Gemisch gefüllt haben, daß der Zündfunke nicht mehr ausreicht, das Gemisch zu zünden. Dies passiert, wenn beim Starten zuviel Gas gegeben wird. Ob dies so ist, läßt sich an den Zündkerzen überprüfen: Ist ihr Gesicht feucht, ist der Motor abgesoffen. Dann hilft nur, ein paar Minuten warten und es ohne Gasgeben erneut zu versuchen. Erst wenn der Motor einmal kurz kommen wollte, wieder vorsichtig Gas geben.

Richtig Starten

Absaufen vermeidet man durch richtiges Starten. Außerdem erleichtert man dem Motor das Anspringen durch dosiertes Gasgeben. Beim Vergasermotor im kalten Zustand, wenn nötig, Choke eindrücken, Zündung anstellen, Gaspedal zweimal kurz durchtreten und ohne weiteres Gasgeben Motor starten. Kommt er, sofort Gas nachgeben und eventuell Choke ziehen. Warmgelaufenen Motor bei durchgetretenem Gaspedal starten. Bei Einspritzmotoren Zündung anstellen, zwei Sekunden warten und dann starten.

Luft

Man sollte meinen, daß die Luftzufuhr eigentlich das unproblematischste „Lebensmittel" des Motors sei, denn sie ist ja überall im ausreichenden Maße vorhanden. Das stimmt natürlich auch, trotzdem können mit der Luft erhebliche Tücken verbunden sein. Das Problem stellt vor allem der korrekte Druck dar. Denn jeder Motor arbeitet mit einem ausgetüftelten Unterdrucksystem. Im Motorraum befindet sich eine ganze Reihe von dünnen, zumeist milchig-hellen Unterdruckschläuchen. Steckt nur einer von ihnen nicht richtig auf, läuft der Motor schon nicht mehr einwandfrei.

Nimmt der Motor so nicht mehr ganz richtig Gas an und zeigt beim Beschleunigen Leistungsfehler, sollte der erste Blick den Unterdruckschläuchen gelten. Sie lösen sich vor allem bei anderen Reparaturen oder Wartungsarbeiten unbemerkt, zum Beispiel bei der Verteilerpflege. Natürlich sollte der Luftfilter in einem guten Zustand sein (siehe Seite 26) – an ihm aber liegt es selten, wenn es Luftprobleme gibt.

Abb. 4

Abb. 5

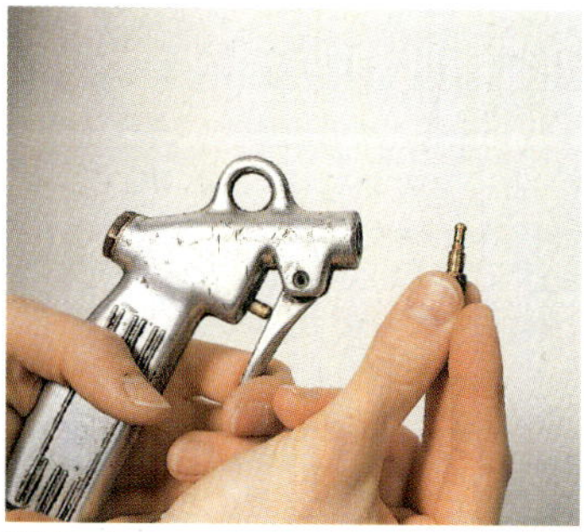

Abb. 6

Abb. 7

Abb. 8

Reinigung des Vergasers

Luft wird im Vergaser mit dem Benzin gemischt. Beide Bestandteile werden dabei durch ein kompliziertes Röhren- und Düsensystem geführt. Verunreinigungen der Düsen führen dabei zu Störungen, erst recht natürlich zu Beschädigungen des Vergasers wie beispielsweise Risse. Zum Reinigen des Vergasers Luftfilter und Vergaserdeckel abnehmen (siehe Seite 26). Die Düsen sind an mehreren Stellen seitlich eingeschraubt. Eine Düse nach der anderen reinigen. Aber Vorsicht: Die Düsen müssen exakt in der gleichen Position wieder eingedreht werden, wie sie ausgedreht wurden. Deshalb zunächst die genaue Stellung des Schraubschlitzes merken, besser noch aufzeichnen **(4)**. Dann die Düse mit halben Umdrehungen festziehen und die Anzahl der Umdrehungen genau einprägen. Nun erst die Düse herausdrehen **(5)** und sie durchpusten, am besten mit Druckluft **(6)**. Nach der Reinigung alles wieder festziehen und um die notierte Anzahl der Halbumdrehungen wieder lösen, bis die Düse ihre ursprüngliche Position eingenommen hat.
Diese Arbeit erfordert sorgfältigstes Vorgehen.
Die Reinigung des Vergasers ist eigentlich eine typische Wartungsarbeit. Nach der Reinigung muß eine Einstellung des Vergasers in einer Fachwerkstatt erfolgen, um den ASU-Vorschriften zu entsprechen.

Abb. 9

Abb. 10

Abb. 11

Vereister Vergaser

Das Unterdrucksystem des Motors saugt während der Fahrt die benötigte Luft von außen an – aber natürlich nicht nur den Sauerstoff, sondern bei naßkaltem Wetter auch Wasserpartikel. Feuchtigkeit aber ist der Feind Nummer eins des Motorsystems. Deshalb führen Vorwärmschläuche die Luft am Motor vorbei. Die Wärmeausstrahlung des Motors trocknet so die Luft. Fehlen die Luftzufuhrschläuche, kann dies im Winter zu totalem Leistungsabfall führen, nämlich dann, wenn der Vergaser vereist.
Dann saugt der Vergaser feuchte Luft an, Kondenswasser bildet sich, setzt sich ab und friert – die Motorleistung nimmt beständig ab, bis nichts mehr geht. In diesem Fall hilft nur, rechts ranfahren und warten, bis das Eis wieder abgetaut ist.
Vor allem wegen dieser Gefahr sollte vor Winterantritt der korrekte Sitz der Vorwärmschläuche **(7)** überprüft und, falls dies der Wagentyp erfordert, die Luftzufuhr auf Winter umgestellt werden.
Schließlich noch einen Tip für Motoren, die eigentlich starten müßten, aber nicht recht wollen, vor allem wenn sie länger nicht in Betrieb waren. Luftfilter und Vergaserdeckel abmontieren und während des Startens die Handinnenfläche fest auf die Vergaseröffnung pressen **(8)**. So erhöhen Sie den Unterdruck und verbessern die Ansaugfähigkeit. Läuft der Motor, Hand wegnehmen.

Benzinzufuhr

Es ist eine Binsenweisheit, daß ein Auto ohne Sprit nicht läuft. Aber selbst ein gefüllter Tank stellt keine Garantie dar, daß der Kraftstoff auch vorne im Motor ankommt.
Dennoch: Bei nicht laufenden Motoren gilt der erste Blick der Tanknadel **(9)**. Zeigt sie ausreichenden Inhalt an, muß trotzdem die Kraftstoff-Förderung geprüft werden. Dazu zieht man die Kraftstoffleitung am Vergaser ab **(10)** oder dreht die Hauptdüse des Vergasers heraus (Vorsicht bei bleifreiem Benzin: giftige Gase)!. Wird jetzt der Motor gestartet, muß aus dem Schlauch Benzin austreten **(11)**. Zum Starten benötigt man nicht zwangsläufig einen Helfer. Für ein paar

Mark wird im Fachhandel ein Außenstarter-Schalter angeboten, der an die Batterie und die Zündspule angeschlossen wird **(12)**.
Tritt kein Kraftstoff aus, liegt die Diagnose „Benzinpumpe defekt" nahe. Bevor Sie allerdings jetzt in der Werkstatt eine neue bestellen, sollten Sie einmal den Tankdeckel abschrauben **(13)**. Damit kann die Ursache für den Benzinmangel schon behoben sein. Denn durch das Absaugen des Benzins mit der Benzinpumpe entsteht im Tank naturgemäß Unterdruck. Der wird durch belüftete Tankdeckel ausgeglichen. Die Lüftungsöffnungen dieser Tankdeckel können aber mit der Zeit verschmutzen. Der Unterdruck steigt dann dermaßen an, daß die Pumpleistung nicht mehr ausreicht, Kraftstoff zu fördern. Sollte es daran liegen, ist ein deutliches Ansauggeräusch beim Öffnen des Tankdeckels zu hören. Der Effekt tritt vor allem dann auf, wenn ein voller Tank ohne Zwischentanken relativ leergefahren wurde. In Betracht ziehen sollte man ebenfalls, daß die Tankanzeige „spinnen" könnte und der Tank trotz anderslautender Instrumentenauskunft leer ist. Wer sich nicht sicher ist, ob sich im Tank wirklich noch Benzin befindet, sollte fünf Liter aus dem Reservekanister nachfüllen. Bringt auch eine Sichtprüfung der Kraftstoffleitungen auf Risse oder Lecks keine Ergebnisse, muß die Pumpe ausgetauscht werden.
Die Benzinpumpe sollte man nur selbst wechseln, wenn dies leicht möglich ist, auf keinen Fall aber, wenn sie mit dem Zahnriemen für den Nockenwellenantrieb (breiter Gummiriemen an der Kopfseite des Motors) gekoppelt ist. Reparieren kann man Kraftstoffpumpen in der Regel nicht. Beim Einbau muß die Dichtung erneuert werden.

Abb. 12

Abb. 13

ACHTUNG
Bei allen Arbeiten rund um die Benzinzufuhr unbedingt offenes Feuer vermeiden und nicht rauchen. Brand- und Explosionsgefahren sind zu hoch!

Zündung

Die Zündung ist bei nichtelektrischen Anlagen sicherlich der störanfälligste Teil des Motors. Das hat gleich mehrere Ursachen: Da sind zum einen die vielen Stationen – und damit mögliche Fehlerquellen –, die der Strom von der Batterie bis zum Kopf der Zündkerze durchläuft. Anders als bei Benzin und Luft sind die Übergänge von Station zu Station nicht wartungsfrei und sensibel gegen Feuchtigkeit. Die Kontaktstellen oxidieren leicht, leiten bei Feuchtigkeit schlecht und müssen hundertprozentig sitzen. Schließlich muß die Zündung äußerst fein abgestimmt sein (genau nach den Herstellerangaben), damit der Motor gut läuft und keine Störungen auftreten. Der Weg des Stroms führt, wie die Grafik zeigt **(1)**, von der Batterie zunächst zum Zündschalter, der mit dem Autoschlüssel geschaltet wird. Dann geht's weiter zur Zündspule. Sie formt die Batteriespannung von 12 Volt auf 10000 bis 30000 Volt um, so daß sie stark genug wird, die Explosion im Zylinder auszulösen. Von der Zündspule aus wird der Strom über ein Zündkabel zum Zündverteiler weitergeleitet. Dieser verteilt den Strom nun auf die Zündkerzen, wobei jede Kerze über ein eigenes Zündkabel beliefert wird. Darüber hinaus wird von der Zündspule aus der Zündkondensator im Zündverteiler mit Strom versorgt. Die Masse liefert der Motorblock, der über ein Massekabel mit der Karosserie verbunden ist. Stimmen Luft- und Stromzufuhr und ist davon auszugehen, daß der Vergaser einwandfrei arbeitet, wird bei der Zündung zunächst einmal überprüft, ob der Zündstrom seinen Weg korrekt zurücklegen kann.

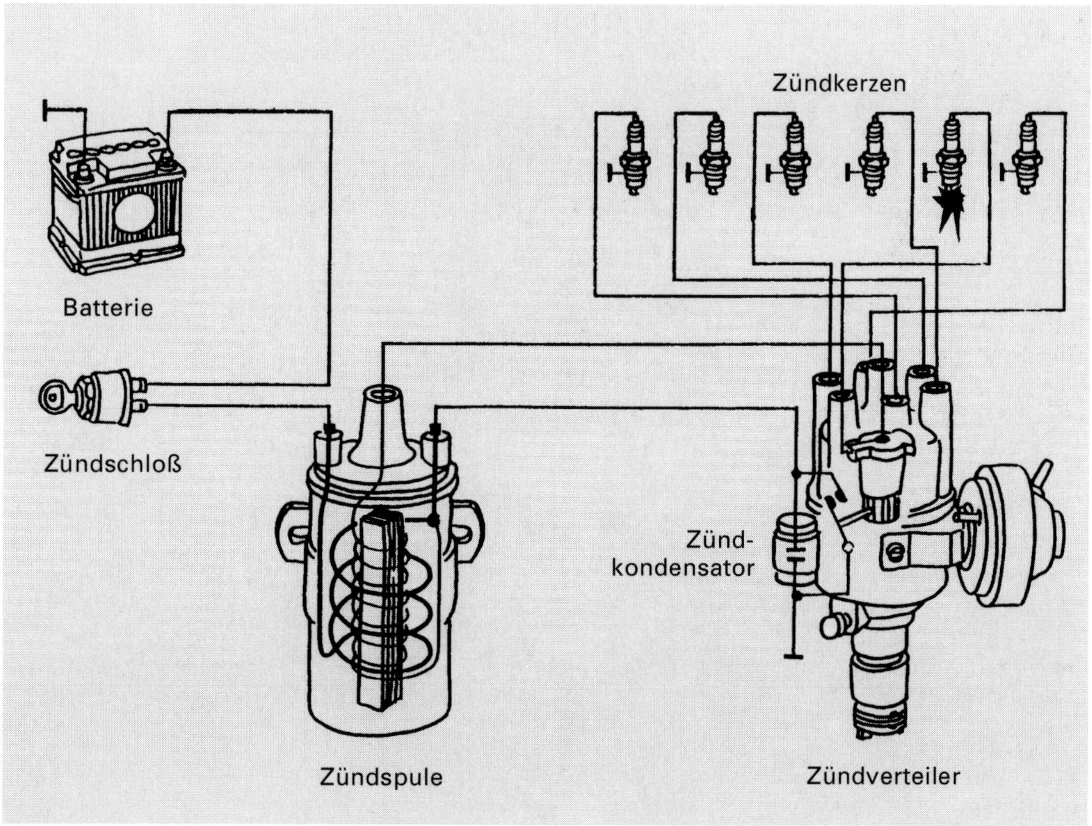

Abb. 1

Prüfung der Kerzen

Als erstes gilt es festzustellen, ob überhaupt Strom bei den Zündkerzen ankommt. Dazu Zündung ausstellen, eine Zündkerze herausdrehen (siehe auch Seite 30), auf den Motorblock legen, Zündkabel wieder aufstecken und starten. Es muß ein kräftiger Funke zwischen der Kerze und dem Block überspringen **(2)**.
Achtung: Es fließt starker Strom. Vorsichtig zu Werke gehen! Lebensgefahr bei elektrischen Zündanlagen!
Da die Kerze schon herausgedreht ist, kann man auch leicht ihren Zustand überprüfen. Zeigt die Kerze kein einwandfreies Gesicht, am besten gleich austauschen (siehe Seite 30). Bei älteren Motoren kann es sein, daß sich die Kerzen unterschiedlich stark abnutzen. Deshalb der Tip: Bei unruhig laufenden Motoren alle Kerzen überprüfen.
Zeigt sich bei der Überprüfung, daß nur eine Kerze keinen Strom erhält, und bringen auch die weiteren Prüfschritte keinen Fehleraufschluß, ist das betreffende Zündkabel nicht in Ordnung und muß ausgetauscht werden. Dabei empfiehlt es sich, gleich alle Kabel auszutauschen. Da es nicht egal ist, welches Kabel auf welche Zündkerze aufgesteckt wird, empfiehlt es sich, die Kabel nacheinander auszutauschen. Eventuell müssen dazu Kabelführungen gelöst werden **(3)**.
Springt überhaupt kein Funke, so muß zunächst geprüft werden, ob die Zündspule noch korrekt arbeitet (siehe Prüfung der Zündspule). Können Sie hier keinen Fehler ausfindig machen, liegt der Defekt unter Umständen am Zündverteiler.

Abb. 2

Abb. 3

Prüfung des Zündverteilers

Die meisten Defekte allerdings treten am Zündverteiler auf, sei es, daß die Kontaktstellen in der Verteilerkappe oxidiert oder – bei älteren Modellen – die Kontakte verschlissen sind. Der erste Blick gilt auf jeden Fall der Verteilerkappe. Zeigt sie schon bei einer Sichtprüfung von außen Risse, ist der Defekt zumeist schon gefunden. Sind die Innenkontakte oxidiert, sollten sie provisorisch gereinigt werden und bei nächster Gelegenheit die Kappe durch eine neue ersetzt werden (siehe auch Seite 31).

Prüfung der Unterbrecherkontakte

Bei älteren Modellen wird der Zündfunke nicht durch wartungsfreie Transistoren auf die Kerzen verteilt, sondern durch Unterbrecherkontakte. Diese müssen regelmäßig überprüft beziehungsweise ausgetauscht werden. Dazu schaltet man zunächst die Zündung aus und legt den höchsten Gang ein. Dann löst man die Halterungsklammern der Verteilerkappe, zieht den Zündverteilerläufer (-finger) ab und entfernt den Staubschutzdeckel. Jetzt kann der Zustand der Unterbrecherkontakte einer Sichtprüfung unterzogen werden. Das Augenmerk gilt den eigentlichen Kontaktstellen. Der Sollzustand zeigt silbrig helle Kontaktstellen, die weder Krater noch Höcker aufweisen. Sind die Kontakte grau, bedeutet dies, daß der Kontaktabstand zu klein ist und nachgestellt werden muß. Sind die Kontakte verschlissen, das heißt an der Oberfläche verkrustet, uneben oder eingekratzt, müssen sie ausgewechselt werden. Zeigt sich ihr Äußeres aber verbrannt, ist wahrscheinlich die Zündspule oder der Zündkondensator defekt.

Abb. 4

Abb. 5

Abb. 6

Austausch des Unterbrechers

Zunächst muß der Unterbrecher in die korrekte Ausbaustellung gebracht werden. Dies ist der Fall, wenn einer der vier Höcker der Nocke auf das Isolierstück des Unterbrechers drückt und ihn so ganz öffnet **(4)**. Um diese Position zu erreichen, wird der höchste Gang eingelegt und das Fahrzeug vor- oder zurückgeschoben. Dabei dreht sich die Nocke. Ist die korrekte Stellung erreicht, Handbremse anziehen und Unterbrecher lösen. Dazu werden die elektrischen Steckverbindungen abgezogen und die Halterungsschraube herausgedreht. Jetzt können der alte Unter-

Abb. 7

Abb. 8

brecher entfernt **(5)** und die neuen Kontakte eingesetzt werden **(6)**. Dabei wird die Halterungsschraube zunächst nicht ganz festgezogen, die Steckverbindungen aber bereits hergestellt. Nun muß der Schließwinkel eingestellt werden. Dazu benutzt man eine Fühlerblattlehre. Der Sollabstand beträgt in der Regel bei 4-Zylinder-Motoren 0,4 Millimeter. Genaue Angaben über den Schließwinkel des Motors finden sich in der entsprechenden Fachliteratur, man kann den Abstand auch in einer Fachwerkstatt erfragen. Das entsprechende Fühlerblatt wird zwischen die Kontakte geschoben und dann die Halterungsschraube festgedreht **(7)**. Die Einstellung des Schließwinkels mittels der Fühlerblattlehre ist allerdings bei weitem nicht so genau wie mit einem Schließwinkelmeßgerät, das in Werkstätten benutzt wird. Es ist deshalb in jedem Fall empfehlenswert, den Schließwinkel nachträglich noch einmal exakt einstellen zu lassen. Nach dem Austausch des Unterbrechers muß die Zündung neu eingestellt werden (siehe auch die Seiten 99–100).

Prüfung der Transistorzündung

Fehler bei Transistorzündungen sind selten. Arbeitet die Zündung nicht, bleibt nur, die Leitungen am Steuergerät der Transistorzündanlage auf einwandfreie Verbindung zu prüfen **(8)**. Bevor bei Nichtfunktion allerdings jetzt das Steuergerät oder gar die gesamte Zündanlage ausgewechselt wird, sollte unbedingt noch die Zündspule kontrolliert werden. Dabei Achtung: Lebensgefahr durch Hochspannung!

Prüfung der Zündspule

Die Zündspule wandelt den geringen Ausgangsstrom der Batterie von 12 Volt auf den Hochleistungsstrom von 10 000 bis 30 000 Volt um. Bei Transistorzündungen weist sie drei Klemmen auf: eine für das Zündkabel, das zum Zündverteiler führt, zwei weitere normale Stromklemmen, die mit „15" und „1" gekennzeichnet sind **(1)**. Die Funktionsfähigkeit der Zündspule wird mit der Prüflampe getestet. Zunächst

Abb. 1

Abb. 2

Abb. 3

Zündung ausstellen und Klemme 1 von den Kabeln (im Regelfall mindestens ein grünes Kabel) freilegen. Dann die Prüflampe an die Klemme 15 anschließen und mit Masse verbinden. Bei eingeschalteter Zündung muß die Prüflampe nun leuchten **(2)**. Im zweiten Schritt gilt es die Primärwicklung der Spule zu überprüfen. Dabei wird – ebenfalls bei freigelegter Klemme 1 – die Prüflampe an diese Klemme und Masse angeschlossen. Die Prüflampe muß erneut leuchten **(3)**. Ein Massefehler liegt vor, wenn die Zündspule keinen Masseanschluß besitzt und dennoch beim Anschluß der Prüflampe an die Masse und an das Gehäuse der Zündspule die Lampe aufleuchtet. Dann muß die Zündspule ausgetauscht werden. Ist alles in Ordnung? Nach der Überprüfung die gelösten Kabel wieder an Klemme 1 anschließen.

Einstellung des Zündzeitpunktes

Damit der Motor optimal läuft, muß der Zeitpunkt, zu dem die Zündanlage in den Zylindern die Explosion herbeiführt, exakt stimmen. Die Einstellung des Zündzeitpunktes – oder, wie man auch lapidar sagt, der Zündung – muß nach jedem Wechsel der Unterbrecherkontakte vorgenommen werden. Sie sollte aber immer auch dann erfolgen, wenn der Motor nicht rundläuft. Man unterscheidet die eher provisorische Art der Einstellung mittels Prüflampe und die exakte Justierung mittels eines Stroboskops. Voraussetzung für das Prüfen/Einstellen ist, daß der Motor Betriebstemperatur erreicht hat – also zwischen 60 und 80 Grad Celsius warm ist –, die Kontakte in Ordnung sind und der Schließwinkel, also der Kontaktabstand, stimmt.

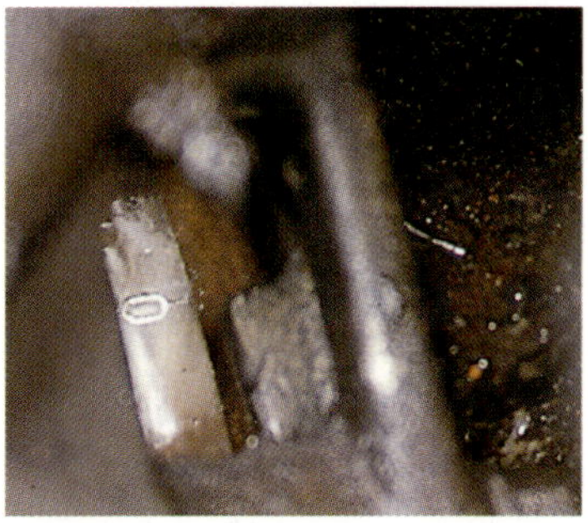

Abb. 4

Abb. 5

Abb. 6

Einstellen mit Prüflampe

Wichtigste Anhaltspunkte beim Einstellen der Zündung mit einer Prüflampe sind die Markierungen auf der Kurbelwelle und dem Getriebe oder der Riemenscheibe. Bei den meisten Modellen befindet sich im Getriebeblock ein kreisrundes Loch, durch das man auf die Schwungscheibe blicken kann. Wird der höchste Gang eingelegt und das Fahrzeug vorgeschoben, dreht sich die Scheibe. Dabei wird auf der Scheibe eine Kerbe sichtbar, die in Deckungsgleichheit mit der Gegenmarkierung am Motorblock gebracht wird **(4)**. Eine Einstellung kann auch über den Zündverteiler erfolgen. Dann wird der Wagen bei abgenommener Kappe so

weit nach vorne geschoben, bis der Verteilerläufer (-finger) auf die Markierung am Rand des Gehäuses zeigt. Schließlich findet sich auch eine entsprechende Markierung auf der Keilriemenscheibe.
Nun wird die Zündung eingestellt, eine Prüflampe (zuvor an der Batterie auf Funktionsfähigkeit überprüfen) an die Klemme 1 der Zündspule angeschlossen und Masse vom Motorblock genommen. Stimmt die Einstellung, muß jetzt die Prüflampe leuchten **(5)**. Ist dies nicht der Fall, wird/werden die Halterungsschraube/n des Verteilers gelöst **(6)** und der Zündverteiler vorsichtig so weit gedreht, bis die Lampe leuchtet. Dann ein Stück weiter nach links drehen, bis die Lampe wieder erlischt, wieder nach rechts zurück, bis die Lampe aufleuchtet, und dann Halterungsschrauben wieder festziehen. Um sicherzugehen, daß die Einstellung auch stimmt, dreht man nun den Motor noch einmal eine ganze Drehung weiter. Fahrzeug dabei immer nur nach vorne verschieben. Beim Erreichen der Markierung muß die Prüflampe erneut aufleuchten.

Abb. 7

Abb. 8

Abb. 9

Einstellen mit Stroboskop

Eine exakte Einstellung der Zündung ist nur mit einem Stroboskop möglich. Es gibt verschiedene Ausführungen, wobei bei einigen Stroboskopen zunächst der Schließwinkel des Motors eingegeben werden muß. Vor dem Einstellen mit dem Stroboskop muß der Unterdruckschlauch von der Unterdruckverstellung des Zündverteilers abgezogen werden **(7)**. Dann wird das Stroboskop an die Batterie und an das Zündkabel zum Zylinder 1 angeschlossen **(8)**. Der betriebswarme Motor wird jetzt gestartet und sollte bei rund 900 Umdrehungen im Leerlauf ganz gleichmäßig laufen. Nun wird das blitzende Stroboskop auf das Schauloch der Schwungscheibe (oder die Markierung der Keilriemenscheibe) gerichtet **(9)**. Stimmt die Einstellung des Zündzeitpunktes, steht die Markierung scheinbar ruhig der Gegenmarkierung gegenüber. Andernfalls wird der Zündverteiler – wie beim Einstellen mittels Prüflampe – so verdreht, daß die Markierungen übereinstimmen.

Keilriemen

Mit Hilfe des Keilriemens wird die Lichtmaschine betrieben – aber nicht nur: Bei vielen Modellen dreht der Keilriemen gleichzeitig die Wasserpumpe mit. Reißt der Riemen, so muß er bei solchen Modellen auf der Stelle erneuert werden. Denn wenn die Wasserpumpe nicht arbeitet, überhitzt sich der Motor sofort. Die Folge: Motorschaden. Deshalb sollte immer ein Ersatzkeilriemen mitgeführt werden.
Bei fast allen Otto- und Dieselmotoren wird der Keilriemen über die Lichtmaschine gespannt. Um einen neuen Riemen aufzusetzen, muß also die Spann- und Halterungsschraube der Lichtmaschine gelöst **(1)** und der Generator so weit nach innen gedrückt werden, daß sich der alte Riemen abziehen beziehungsweise der neue Riemen aufziehen läßt **(2)**. Keilriemen ist nicht gleich Keilriemen; welche Riemen Ihr Motor benötigt, steht in der Bedienungsanleitung beziehungsweise in den Verzeichnissen der Händler. Jetzt wird der Keilriemen gespannt, indem die Lichtmaschine wieder nach außen gedrückt **(3)** und die Halterungsschraube angezogen wird. Die Spannarbeit kann man sich erleichtern, wenn die Lichtmaschine mit einem Eisen vorsichtig nach außen gewinkelt wird. Bei zu großer Spannung werden die Lager und Wellen stark belastet, bei zu geringer Spannung arbeitet die Lichtmaschine nicht richtig. Der Keilriemen ist gut gespannt, wenn er sich bei einer Daumenprobe 10 bis 15 Millimeter durchdrücken läßt **(4)**.
Bei neuen Riemen muß eventuell nach einiger Zeit nachgespannt werden.

Abb. 1

Abb. 2

Abb. 3

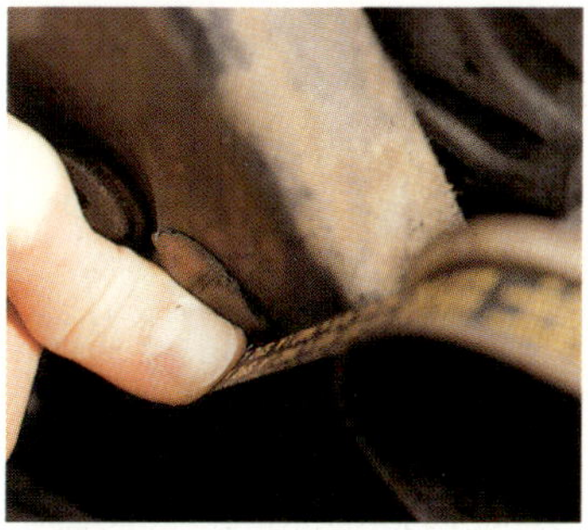

Abb. 4

Kompression

Die Prüfung der Kompression kann meistens leicht mit Hilfe der im Handel angebotenen Kompressionsdruckprüfer vorgenommen werden. Eine solche Prüfung gibt einen guten Aufschluß über den Zustand des Motors. Soll die Kompressionsprüfung verläßliche Ergebnisse bringen, muß der Motor zunächst auf Betriebstemperatur gebracht werden (Aufschluß gibt die Kühlmitteltemperatur-Anzeige). Und das Ventilspiel muß einwandfrei sein. Dann werden sämtliche Zündkerzenstecker von den Zündkerzen abgezogen. Aber Vorsicht: Die Kerzenstecker müssen weit genug von jeder Masse entfernt sein, damit sie beim Anlassen keine Funken schlagen. Nicht nur der Stromschlag kann gefährlich sein – es besteht auch Brandgefahr. Auf der anderen Seite muß man sich über die Zuordnung der Stecker zu den Kerzen im klaren bleiben. Dann werden sämtliche Zündkerzen heraus- und ein Kompressionsdruckprüfer mit Gewinde eingeschraubt **(1)** oder mit Gummikonus dicht angedrückt. Bei durchgetretenem Gaspedal läßt man dann den Motor einige Male durchdrehen. Druckunterschiede von 2 bar sind bei Ottomotoren noch zulässig, ein langsamer Druckanstieg deutet auf undichte Ventile hin. Die Prüfung bei jedem Zylinder vornehmen und bei der Wiedermontage darauf achten, daß die richtigen Kabel auf die Kerzen gesteckt werden.

Motorkühlung

Durch die Verbrennung im Motor entsteht enorme Hitze. Ohne Kühlung zerstört sie schnell das Motorinnenleben. Wenn die Temperaturanzeige also in den roten Bereich steigt, bedeutet dies gleichzeitig Alarmstufe „Rot": Es muß sofort angehalten und die Kühlung repariert werden. Bei fast allen Fahrzeugen, die in den letzten zwanzig Jahren konstruiert wurden, übernimmt ein Kühlmittelsystem die Kühlung. Defekte im Kühlsystem sind in erster Linie auf Lecks zurückzuführen. Im Schadensfall muß also zunächst festgestellt werden, ob Wasser austritt, ob also der Kühlmittelstand im Überlaufbehälter die Minimal-

Abb. 1

Markierung noch erreicht oder ob der Kühler noch bis zum Rand gefüllt ist.
Vorsicht: Das Kühlmittel kocht, der Motor ist brennendheiß. Niemals bei kochendem Kühlmittel den Kühlerverschluß mit der bloßen Hand abschrauben. Es besteht höchste Verbrühungs- und Verbrennungsgefahr. Deshalb zunächst einige Minuten warten, bis sich das Kühlmittel etwas abgekühlt hat, und beim Aufdrehen des Kühlerverschlusses ein Tuch zwischen Hand und Verschluß legen.
Fehlt Kühlwasser, wird nach gründlichem Abkühlen erst mit einer Sichtprüfung, dann mit einer Fühlprüfung **(2)** nach dem Leck gesucht. Oft löst sich nur eine Schelle, so daß dort Wasser austritt. Dann genügt es, die Schelle

Abb. 2

Abb. 3

wieder fest anzuziehen. Ist ein Schlauch gerissen oder porös, kann man sich fürs erste durch eine Umwicklung mit hitzebeständigem Band behelfen **(3)**. Der Schlauch muß dann aber so bald wie möglich ausgetauscht werden. Sinnvoll ist es, dabei gleich die metallischen Anschlußpfropfen zu reinigen **(4)**. Am besten schmirgelt man sie sauber oder schabt Verhärtungen mit einem Holzspan ab. Ergibt die Prüfung ein Leck an der Wasserpumpe, wird's teurer. Denn dann ist die Wellendichtung, die sich im Inneren der Pumpe befindet, undicht geworden – die Pumpe muß gewechselt werden. Diese Arbeit selbst auszuführen kann nur angeraten werden, wenn die Wasserpumpe über den Keil-

Abb. 4

riemen betrieben wird. Übernimmt der Zahnriemen den Antrieb, sollte eine Fachwerkstatt den Austausch vornehmen. Nach der Beseitigung eines Lecks ist es mit dem einfachen Nachfüllen von Wasser zumeist nicht getan, das Kühlsystem muß auch entlüftet werden. Wenn dies nicht von einer Fachwerkstatt vorgenommen werden muß – siehe Betriebsanleitung des Fahrzeuges – wird Kühlmittel bis zur normalen Markierung des Überlaufbehälters eingefüllt beziehungsweise bis der Kühler randvoll gefüllt ist. Bei geöffnetem Kühlerdeckel Motor richtig warmlaufen lassen, bis aus dem Kühler Luftblasen hervorbrodeln **(5)**. Anschließend erneut Wasser nachfüllen. Das Frostschutzmittel nicht vergessen.

Abb. 5

Kleine Reparaturen

Bei Defekten am Auto die Fachwerkstatt aufzusuchen geht meistens richtig ins Geld: Ob der Auspuff gewechselt, die Bremsen neu belegt oder die Stoßdämpfer ausgetauscht werden müssen, die hohen Arbeitslöhne reißen tiefe Löcher ins Portemonnaie. Aber das muß nicht in jedem Fall sein. Mit etwas Geschick können diese kleineren Reparaturen auch selbst ausgeführt werden. Allerdings müssen die Arbeiten sehr sorgfältig verrichtet werden, denn in jedem Fall ist auch die Fahrsicherheit berührt.
Deshalb sollten die nachfolgend beschriebenen Reparaturen nur von Do-it-yourself-Profis vorgenommen werden.

Lösen von Schrauben und Muttern

In der Theorie hört sich das immer ganz einfach an: Mutter lösen und Schraube herausziehen. Wer allerdings einmal bei einem älteren Fahrzeug selbst Hand angelegt hat, der weiß, vor welche Probleme solche Arbeitsanweisungen einen oft stellen. Denn manchmal erweisen sich festgerostete Muttern oder Schrauben als weitaus störrischer als angenommen. Mit einem resignierenden „Geht nicht" ist die Arbeit aber nicht getan. Auch in der Fachwerkstatt muß die Halterung irgendwie gelöst werden. Die Tricks, die man dazu anwendet, grenzen nicht an Hexerei.
Der Erfolg steht und fällt mit dem richtigen Werkzeug. Ob Schrauben- oder Kreuzschlitzschraubendreher, ob Steck- oder Innensechskantschlüssel, in jedem Fall muß das Werkzeug exakt greifen. Die Gefahr ist groß, daß man mit einem zu kleinen Dreher die Schraube ausfranst oder mit dem falschen oder einem abgenutzten Schlüssel Sechskantmuttern „runddreht". Ist der Kopf oder die Mutter erst einmal ruiniert, wird das Herausdrehen erst recht kompliziert. Deshalb zunächst sichergehen, daß das Werkzeug faßt, und eventuell verdreckte Schrauben und Muttern vor dem Herausdrehen reinigen (vor allem bei Karosserieschrauben wichtig, die mit Unterbodenschutz oder Hohlraumversiegelung überzogen sind).
Wenn Sie beim ersten Ansetzen des Werkzeugs feststellen, daß die Schraube oder Mutter nicht ohne weiteres zu lösen ist, sollten Sie nicht gleich mit aller Gewalt zu Werke gehen. Denn in den meisten Fällen hilft ein gründliches Einsprühen der Mutter oder Schraube mit einem rostlösenden Mittel **(1)** weiter. Bewegt sich Mutter oder Schraube auch nach einer kurzen Einwirkungszeit immer noch nicht, Vorgang wiederholen. Hilft dies nicht, nimmt man den Hammer zu Hilfe: Nach ein paar gezielten Schlägen auf den Schraubendreherschaft – eventuell auch auf die Mutter oder die Schraube **(2)** lösen sich oft die Rostansätze. Auch hier können wieder mehrere Versuche notwendig sein.
Bei fest angezogenen Kreuz- oder Flachschlitzschrauben ist es wichtig, daß der Dreher nicht abrutscht. Dies vermeiden Sie, indem Sie (als Rechtshänder) den Dreher mit der linken Hand mit aller Kraft in die Schraube drücken. Mit der Rechten wird dann nicht langsam gedreht, sondern ein kurzer, aber kräftiger Ruck ausgelöst. Eventuell kann man zusätzlich am Schraubendreher einen Schlüssel ansetzen.
In der Regel führen diese Schritte zum Erfolg. Nicht nur angerostete, sondern völlig festgerostete Schrauben – beispielsweise am Auspuff – zeigen sich aber auch davon nicht beeindruckt. Ist dies der Fall, hilft nur, die Schraube vor dem Herausdrehen zu erhitzen **(3)**. Dazu wird sie mit einem Schweißbrenner oder einer Lötflamme so lange erhitzt, bis sie rot glüht.

Abb. 1

Abb. 2

Abb. 3

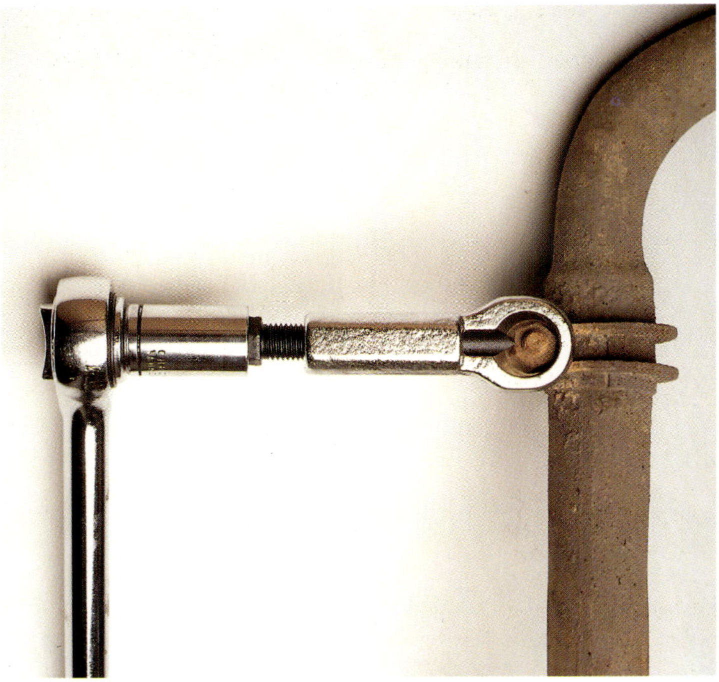

Abb. 4

Abb. 5

Abb. 6

Dann sofort die Schraube herausdrehen. Sie ist in diesem erhitzten Zustand ohne Kraftaufwand zu lösen.
Achtung: Beim Erhitzen besteht höchste Brandgefahr. Schrauben oder Muttern am besten nur dort erhitzen, wo nichts anbrennen oder schmoren kann. Wird im Motorraum erhitzt, umliegende Teile mit nassen Lappen abdecken. Keinesfalls in der Nähe von Kabeln erhitzen. Wegen der Brandgefahr kann diese Methode nur begrenzt angewandt werden.
Ist auch das kein Mittel, die festgerosteten Schrauben oder Muttern zu lösen, hilft nur noch die radikalste Methode: das Zerstören der Halterung. Bei Muttern geht dies relativ elegant mit einem Muttersprenger **(4).** Dieser wird in verschiedenen Größen angeboten. Den passenden Muttersprenger auf die Mutter aufsetzen. Mit der Hand zunächst leicht festziehen und dann mit einem Steckschlüssel so lange andrehen, bis die Mutter zerspringt. Muttersprenger dann ausdrehen und eventuell noch auf der Schraube oder dem Bolzen festsitzende Mutterreste mit einem Hammer abschlagen.
Bei Schrauben funktioniert diese Methode natürlich nicht. Hier hilft nur, den Kopf abzuschlagen. Dazu kann man Hammer und Meißel nutzen **(5).** Allerdings treten bei dieser Methode große Kräfte auf, die auch die zu haltenden Fahrzeugteile in Mitleidenschaft ziehen können. So empfiehlt es sich, die Köpfe mit einem Winkelschleifer abzutrennen **(6).**

Abb. 1

Abb. 3

Abb. 2

Sachgemäßes Hochbocken

Bei Reparaturen reicht es nicht, das Fahrzeug nur wie beim Wechsel eines Reifens mit dem mitgelieferten Bordwerkzeug hochzubocken. Denn mit den kleinen Wagenhebern besitzt das Fahrzeug nicht den festen Stand, der bei Arbeiten aus Sicherheitsgründen einfach notwendig ist. Denn bei den Reparaturen wird gerüttelt und geschraubt, gehämmert und hin- und herbewegt, ein Kräftespiel, dem die kleinen Wagenheber nicht gewachsen sind. Allein schon die Tatsache, daß Sie sich unter das Fahrzeug begeben und damit in Lebensgefahr schweben, wenn der Wagenheber abrutscht, sollte Sie überzeugen, das Fahrzeug wirklich sachgemäß aufzubocken. Das Fahrzeug sollte nur auf ebenen Flächen hochgebockt werden. Vor dem Ansetzen des Wagenhebers Handbremse anziehen und Gang einlegen. Wenn nötig, auf dem Boden verbleibende Räder mit einem Keil gegen Rollen absichern.

Den Wagenheber, der zum Bordwerkzeug gehört, nur an den Punkten ansetzen, die der Hersteller empfiehlt. Ist der Untergrund nicht plan (Schotter, Kies, Sand), den Wagenheber auf ein ausreichend großes Brett stellen. Weitaus komfortabler gestaltet sich die Arbeit mit einem universell einsetzbaren Hydraulik-Wagenheber. Der darf allerdings auch nicht wahllos irgendwo unter dem Fahrzeug angesetzt werden, sondern nur an besonders stabilen Stellen, andernfalls sind Schäden unvermeidbar. Wird beispielsweise ein Rangierwagenheber an der Ölwanne angesetzt, muß diese anschließend getauscht werden. Vorn empfiehlt sich vor allem der tiefste Punkt des Getriebeblocks zum Ansetzen **(1)**, hinten die Hinterachse **(2)**. Nie den Wagenheber an den Unterkanten der Seitenteile oder des Türschwellers ansetzen, die verbiegen sich sofort.

Hydraulik-Wagenheber immer nur langsam und vorsichtig hochbocken und ablassen. Beim Hochbocken stets kontrollieren, ob der Wagenheber auch vernünftig greift und keine Abrutschgefahr besteht. In niedrigeren Räumen auch darauf achten, ob das Fahrzeugdach beim Anheben nicht gefährdet wird. In jedem Fall sollte das Fahrzeug nach dem Hochbocken auf Unterstellböcken abgesetzt werden **(3).** Für die Unterstellböcke auch nur Positionen aussuchen, bei denen weder die Gefahr des Abrutschens noch des Verbiegens auftritt. Unterstellböcke sind preiswert – die Ausgabe sollten Sie nicht scheuen. Wenn Sie dennoch das Risiko eingehen wollen, ohne Böcke zu arbeiten, sichern Sie das Fahrzeug zumindest mit großen Holzquadern ab (keine Ziegel: Bruchgefahr!). Aus Sicherheitsgründen kann aber auch dazu nicht geraten werden. Nach dem Aufbocken des Fahrzeuges sollten Sie auf jeden Fall die Standfestigkeit prüfen. Rütteln Sie zunächst vorsichtig an der Karosserie, und achten Sie darauf, ob eine Abrutschgefahr besteht. Am besten und sichersten arbeiten Sie natürlich mit einer Hebebühne. Kleine Hallen mit Bühne kann man bei verschiedenen Tankstellen oder Hobby-Werkstätten mieten. Dies empfiehlt sich vor allem beim Wechsel eines Auspuffs. Hebebühnen arbeiten nicht einheitlich nach dem gleichen System. Bei modernen Bühnen werden vier Greifarme ausgefahren, die mit Gummitellern abschließen. Die Gummiteller werden an den Unterkanten der Seitenteile oder des Türschwellers angesetzt. Vor der Inbetriebnahme der Bühne sollten Sie sich beim Vermieter erkundigen, worauf bei ihrem Betrieb geachtet werden muß. Zumindest aber sollten Sie die an der Bühne angebrachte Gebrauchsanweisung und die Sicherheitsvorschriften genau durchlesen. Denn bei nicht sachgemäßem Umgang mit der Bühne haftet weder der Vermieter noch eine Versicherung für eventuell entstehende Schäden.

Abb. 4

Auspuff

Die Auspuffanlage ist das am schnellsten durchrostende Fahrzeugteil. Das hat gleich mehrere Ursachen: Von außen greifen Wasser, Schmutz, Streusalz und Steinschlag den nach unten offenliegenden Auspuff direkt an. Damit allerdings nicht genug. Hat das Fahrzeug seine Betriebstemperatur noch nicht erreicht, kühlen die Abgase auf dem Weg vom Motor zum Auspuffende ab. Kondensate aus Salz-, Schwefel-, Phosphor-, Brom- und Kohlensäure verbinden sich mit Kondenswasser zu äußerst aggressiven Säuren. Die greifen die Schalldämpfer und Rohre von innen an und bereiten dem ungeschützten Blech ein schnelles Ende.
Dabei ist das an und für sich ein Skandal, denn längst wäre die Automobilindustrie in der Lage, nicht oder nur sehr langsam rostende Abgasabführungen zu bauen, beispielsweise aus Edelstahl, die genauso lange halten könnten, wie der Motor läuft. Statt dessen spekuliert man hier offensichtlich auf das Original-Ersatzteilgeschäft. Denn bei einem defekten Auspuff empfiehlt

Abb. 5

Abb. 6

Abb. 7

sich der Einbau eines Original-Auspuffs. Zwar werden von verschiedenen Herstellern preiswertere Auspuffersatzteile angeboten, allerdings kann es beim Einbau zu Schwierigkeiten kommen. Nicht selten passen Billig-Auspuffanlagen nicht hundertprozentig, das Anpassen gerät zu einer arbeitsaufwendigen Sache. Aber fairerweise muß gesagt werden: Das kann, muß aber nicht sein. Wer sichergehen möchte, daß bei solchen Auspuffanlagen keine Schwierigkeiten auftreten, sollte beim Kauf darauf achten, ob der Auspuff von einem „OE-Liferanten" stammt. Das Kürzel steht für Original-Ersatzteil. Dabei ist sichergestellt, daß die Anlage auf den gleichen Maschinen wie vom Fahrzeughersteller gefertigt wird.

Zudem sollte man nach dem Ausbau des durchgerosteten Auspuffs diesen mit dem neuen sehr sorgfältig vergleichen. Bei gröberen Abweichungen empfiehlt sich ein Umtausch.

Ein Auspuff besteht nicht nur aus einem Stück. Er gliedert sich in:

- Sammelkrümmer
- Hosenrohr
- Katalysator (falls vorhanden)
- Vorschalldämpfer
- Nachschalldämpfer und Rohre.

Auspuffschäden machen sich durch Geräusche bemerkbar. Je nach Art des Geräusches kann man verschiedene Schadensdiagnosen stellen:

- Lautes Geräusch bei kaltem Motor, das bei Erwärmen abnimmt: Flanschdichtung zwischen Auspuffkrümmer und -rohr undicht
- Auspuffgeräusche nehmen bei älteren Anlagen bei Erwärmen zu: Dämmwolle in den Töpfen verbraucht
- Zwitschern oder Brabbeln im Leerlauf: Klemm- und Schraubverbindungen undicht. Bei Zuhalten des Endrohrs verstärkt sich das Geräusch deutlich
- Poltern: Die Auspuffanlage schlägt gegen das Bodenblech. Unsachgemäße Montage oder Aufhängungen defekt
- Knattern: Schalldämpfer oder Rohre durchgerostet

Bei Durchrostungen sind Neuteile fällig. Zwar lassen sich am Auspuff Bleche aufschweißen oder die Löcher mit speziellen Sets, die im Fachhandel angeboten werden, schließen, aber mehr als ein kurzlebiges Provisorium stellen diese Lösungen nicht dar. Denn schon bald melden sich unüberhörbar neue Schäden. Allerdings muß nicht in jedem Fall der komplette Auspuff gewechselt werden. Bevor Sie zu Werke gehen, sollten Sie den gesamten Auspuff einer Sicht- und Klopfprüfung (mit Hammer) unterziehen. Stellt sich dabei heraus, daß wirklich nur beispielsweise der Nachschalldämpfer, also der hintere Topf, von Rost angegriffen ist, dann muß auch nur dieser gewechselt werden. In den meisten Fällen aber zeigen auch die anderen Teile deutlichen Rostansatz. Dann sollte sinnvollerweise der gesamte Auspuff gewechselt werden, denn bei einer Teilreparatur ist vorprogrammiert, daß nach einem halben Jahr weitere Arbeiten fällig werden. Hinzu kommt, daß komplette Auspuffanlagen preiswerter sind als solche, die aus Einzelstücken zusammengesetzt werden.

Das Wechseln des Auspuffs ist prinzipiell einfach, allerdings in der Praxis schwierig. Vor allem festgerostete Schrauben und Muttern (siehe gesonderten Abschnitt) komplizieren den Wechsel. Allerdings kann man die Schrauben und Muttern bei einem Komplettwechsel ruhig abtrennen, sie werden ohnehin erneuert. Mit einer Ausnahme: die Flanschmuttern am Krümmer. Auf keinen Fall dürfen sie oder die

Abb. 8

Bolzen abgerissen werden. Deshalb diese Muttern vor dem Herausdrehen **(4)** mehrmals mit Rostlöser einsprühen und diesen gründlich einwirken lassen.

Die verschiedenen Teile des Auspuffs werden dann – soweit für das Herausnehmen nötig – auseinandergeschraubt **(5).** In manchen Fällen kann es aber einfacher sein, die komplette Halterung zu lösen, als den Auspuff von der Halterung abzuschrauben **(6)**. Im ausgebauten Zustand kann dann die Halterung problemlos vom Auspuff entfernt werden. Der Auspuff ist nicht überall verschraubt, sondern zum Teil an Gummiringen aufgehängt. Diese winkeln Sie mit einem großen Schraubendreher ab. Dann können die einzelnen Teile ganz heruntergenommen werden **(7).** Vor dem Wiedereinbau muß unbedingt eine neue Dichtung am Krümmer eingesetzt werden. Außerdem sollten Sie alle Schrauben und Muttern sowie die Gummiringe, die mit der Zeit porös werden, erneuern. Beim Wiedereinbau zuerst Vor- und Hauptschalldämpfer befestigen und die Krümmerschrauben fest anziehen. Dann erst weitere Halterungsschrauben und Gummiringe montieren. Abschließend sollten Sie mit einer Rüttelprüfung sicherstellen, daß der neue Auspuff auch richtig sitzt **(8).**

ACHTUNG! WARNUNG!

Alle Arbeiten am Bremssystem, vor allem der Wechsel der Beläge, müssen unbedingt sachgerecht ausgeführt werden. Andernfalls ist die Gefahr des Versagens der Bremse extrem hoch – das gefährdet nicht nur Ihre eigene Sicherheit, sondern auch die anderer Verkehrsteilnehmer. Deshalb diese Arbeiten nur ausführen, wenn Sie mit Montagearbeiten am Auto geübt sind. Alle Arbeitsschritte exakt ausführen und vor allem die Sicherheitshinweise peinlich genau beachten. Generell kann nur empfohlen werden, alle Arbeiten an der Bremsanlage von einer Fachwerkstatt ausführen zu lassen.

Bremsen

Man unterscheidet Trommel- und Scheibenbremsen. Die meisten Fahrzeugmodelle sind vorn mit Scheiben-, hinten mit Trommelbremsen ausgerüstet. Die Bremswirkung wird wie folgt erzielt: Das Bremspedal wirkt auf den Hauptbremszylinder und – falls vorhanden – den Bremskraftverstärker ein. Diese drücken durch die Bremsleitungen Bremsflüssigkeit zu den einzelnen Radbremszylindern. Die wiederum lösen jetzt das Bremsen aus. Bei der Scheibenbremse werden durch den Radbremszylinder zwei Belagplatten von einer großen Zange gegen die rotierende Bremsscheibe gedrückt. Bei den Trommelbremsen werden beim Bremsen zwei Bremsbacken gegen die Innenseite einer Trommel gepreßt. Mit der Zeit reiben sich die Beläge ab, was ihren Wechsel erforderlich macht. Die Bremswirkung ist bei allen Fahrzeugen nicht gleichmäßig verteilt. Die vorderen Scheibenbremsen übernehmen bis zu 70 Prozent der Bremsarbeit. Deshalb nutzen sich ihre Beläge schneller ab als die der hinteren Trommelbremsen. Je nach Fahrweise müssen normalerweise die Beläge der Scheibenbremse zwischen 20 000 und 30 000 Kilometern, die der Trommelbremse zwischen 40 000 und 60 000 Kilometern gewechselt werden. Eine Kontrolle aller Bremsbeläge empfiehlt sich aber nach 15 000 Kilometern.
Für das Funktionieren der Bremsen sind nicht allein ausreichend dicke Bremsbeläge verantwortlich; das gesamte System vom Hauptbremszylinder über die Leitungen bis hin zu den Radbremszylindern muß intakt sein beziehungsweise beim Wechsel der Bremsbeläge überprüft werden.
Der erste Blick gilt der Bremsflüssigkeit, sie muß auf jeden Fall im Behälter die Minimalmarkierung erreichen (siehe auch Kapitel Wartung). Ist dies nicht der Fall, muß sofort nach der Ursache geforscht werden – am besten überläßt man das der Fachwerkstatt.
Ob die gesamte Bremsanlage dicht ist, zeigt sich, wenn das Bremspedal gut eine Minute lang durchgetreten wird. Läßt der Druck währenddessen nach, ist die Anlage entweder undicht (Fachwerkstatt) oder muß entlüftet werden (siehe auch Seite 120).
Danach kontrollieren Sie den Zustand der Bremsleitungen. Sie dürfen nicht porös oder stark angerostet sein. Leicht angerostete Bremsleitungen schmirgeln Sie mit grobem Schleifpapier ab und behandeln sie anschließend mit transparentem Korrosionsschutz.
An keiner Stelle des Bremssystems darf Bremsflüssigkeit austreten. Ist dies der Fall, sollten Sie umgehend eine Fachwerkstatt aufsuchen.
Eine Sichtprüfung zeigt, ob die Bremsbeläge abgenutzt sind oder nicht. Bei Scheibenbremsen sollte sie am besten bei abmontierten Rädern vorgenommen werden. Die Bremsbeläge bestehen aus einer stählernen Rückenplatte und dem eigentlichen Belag. Die Platte ist zwischen 5 und 6 Millimetern stark, der Belag mißt bis zu 10 Millimetern und darf nicht weiter als bis auf 2 Millimeter abgenutzt sein. Insgesamt sollte die Reststärke des Bremsbelags mit Träger-

Abb. 1

Abb. 2

Abb. 3

platte also mindestens 8 Millimeter betragen.
Bei dieser Sichtprüfung empfiehlt es sich gleichzeitig, die Bremsscheibe gründlich unter die Lupe zu nehmen. Sie darf keine allzu tiefen Furchen oder Rillen aufweisen. Zeigen sich aber Riefen, muß die Scheibe in einer Fachwerkstatt abgedreht oder gar gewechselt werden.
Die Kontrolle der Belagstärke bei Trommelbremsen ist nicht so einfach. Auch wenn es umständlich ist: Es empfiehlt sich, die Trommel dazu nicht abzunehmen (siehe Abschnitt Trommelbremsen). Auf der Rückseite der Trommel befindet sich zur Kontrolle der Stärke ein Schauloch, das mit einer Gummikappe geschützt ist. Allerdings ist dieses Schauloch bei vielen Fahrzeugen leider sehr schwer einsehbar.
Bei Trommelbremsen unterscheidet man zwei Arten von Belägen: genietete (nur ältere Modelle) und geklebte. Bei genieteten muß die Reststärke mindestens 2,5, bei geklebten 1,5 Millimeter aufweisen. Analog zu der Bremsscheibe sollte hier auch die Innenseite der Trommel auf Rillen und Furchen überprüft werden. Sind bei einem Fingertest starke Riefen zu spüren, muß die Trommel von einer Fachwerkstatt ausgedreht, eventuell auch ersetzt werden.
Achtung: Bei allen Systemen dürfen nur Original-Bremsbeläge eingebaut werden. Ansonsten erlischt die Betriebserlaubnis.

Scheibenbremsen

Bei den Scheibenbremsen unterscheidet man generell Scheibenbremsen mit Schwimmsattel und mit Faustsattel. Obwohl es auch bei diesen beiden Grundvarianten je nach Fahrzeughersteller noch Unterschiede gibt, trifft man im Prinzip überall auf die im folgenden beschriebenen Grundvarianten.
Gleich ob die Beläge einer Scheibenbremse mit Schwimm- oder mit Faustsattel gewechselt werden, die Vorbereitungen sind gleich. Zuerst werden die Radschrauben der vorderen Räder gelockert und dann das Fahrzeug sachgemäß hochgebockt (siehe auch Seite 102). Da die Handbremse in der Regel über die Hinter-

Abb. 4

Abb. 5

räder greift, vorm Aufbocken Feststellbremse festziehen. Dann die Räder komplett abnehmen **(1)**.
Arbeiten Sie immer nur auf einer Seite – dann kann die andere Seite im Zweifelsfall als Grundmuster dienen.

Scheibenbremse mit Schwimmsattel

Die Belagplatten werden durch zwei Stifte gehalten, die wiederum mit einer Klemmfeder gesichert sind. Zunächst also die Klemmfeder mit einem Schraubendreher abwinkeln und dann die Stifte von der Innenseite mit einem Dorn oder Durchschlag herausschlagen.
Bei manchen Modellen, wie in unserem Bildbeispiel, werden statt mit Klemmfedern gesicherten Dornen Schrauben verwendet. Dann die Halterungsschrauben lösen **(2)** und herausziehen **(3)** beziehungsweise mit einem Dorn herausschlagen.
Damit liegen die Bremsbeläge eigentlich schon frei. Allerdings hält sie noch der Druck durch den Kolben des Bremssattels. Deshalb die Bremsbeläge jetzt mit einem Montierhebel oder mit einem großen Flachschraubendreher auf beiden Seiten von der Bremsscheibe wegdrükken. Dadurch wird der Kolben zurückgeschoben, die Bremsbeläge können mit einer Kombizange herausgezogen werden. Dabei zunächst die innere Belagplatte herausnehmen und dann erst die äußere, da diese meistens durch eine Nase des Schwimmrahmens geführt wird.
Nach dem Ausbau der alten Beläge **(4)** zunächst den Zustand der Bremsscheibe prüfen und kontrollieren, ob in oder an der Bremse weder Bremsflüssigkeit noch Öl zu finden sind. Sollte dies der Fall sein, muß man unbedingt eine Fachwerkstatt aufsuchen. Vor dem Einbau der neuen Beläge Bremse reinigen. Dazu niemals öl- oder schmierhaltiges Reinigungsmittel verwenden, sondern am besten mit Waschbenzin arbeiten. Ölhaltige Mittel würden die Manschetten und Gummiteile angreifen sowie zu einem gefährlichen Ölfilm auf der Scheibe führen, der die Bremswirkung stark reduziert. Beim Reinigen auch keine Druckluft verwenden, da das Einatmen von Abreibstaub gesundheitsgefährdend ist.
Nach dem Reinigen empfiehlt es sich zudem, den Schwimmrahmen gängig zu machen. Dazu die Führungsfläche mit fettfreier Bremspaste (und nichts anderem!) einschmieren. Diese Paste trägt auch den Namen Antiquietschpaste, da sie das gefürchtete Quietschen der Bremsen verhindert. Nach dem Einschmieren sollte sich der Schwimmsattel relativ leicht von links nach

Abb. 6

Abb. 7

Abb. 8

rechts und umgekehrt bewegen lassen. Damit die neuen, wesentlich dickeren Beläge eingeschoben werden können, muß der Kolben der Anlage zurückgedrückt werden **(5).** Dazu benutzt man ein Flacheisen (Montiereisen) oder einen starken Schraubendreher. Achtung: Die Gummimanschette des Kolbens darf nicht beschädigt werden. Zur Sicherheit kann man das Eisen an der Spitze umwickeln oder auch einen Hartholzklotz zum Zurückdrücken verwenden.

Sollte die Gummimanschette beschädigt werden, unbedingt eine Fachwerkstatt aufsuchen. Kolben so weit zurückdrücken, daß er nicht mehr hervorsteht.

Beim Zurückdrücken steigt der Bremsflüssigkeitspegel im Behälter. Deshalb Behälter öffnen und darauf achten, daß keine Bremsflüssigkeit aus dem Behälter läuft.

In der Regel verändert sich die Stellung des Kolbens nicht. Dies kann man aber überprüfen, indem man aus Karton ein Lehre fertigt, exakt im Maßstab eins zu eins zur hier abgebildeten Schablone **(9)**. Optimal fertigt man die Lehre aus einem Stück Blech. Mit der geraden Seite nach unten und dem breiteren Ende voran wird die Lehre in den Sattel eingeschoben, bis die Spitze anliegt. Die Unterkante muß genau aufliegen. Der schräge Absatz des Kolbens muß jetzt parallel zur oberen, schrägen Anlagefläche verlaufen, also einen Winkel von 20 Grad aufweisen. Ist dies nicht der Fall, mit einem Schraubendreher Kolben in die richtige Position drehen. Jetzt können die neuen Beläge mit der Hand eingeschoben werden. Dazu schmiert man die Rückseiten der Trägerplatten, nicht aber die Beläge selbst (!), ganz dünn mit Bremspaste ein **(6).** Auf keinen Fall Beläge mit Gewalt einschlagen. Lassen sie sich nicht ohne weiteres einführen, Kolben noch weiter zurückdrücken. Zuerst äußeren Belag einschieben und darauf achten, daß seine Nase im Schwimmrahmen einrastet. Dann inneren Belag eindrücken **(7),** Haltestifte und Federn wieder einsetzen **(8).** Abschließend Rad wieder aufsetzen und eine Drehprobe vornehmen. Weitere Sicherheitsprüfungen durchführen (folgende Seiten).

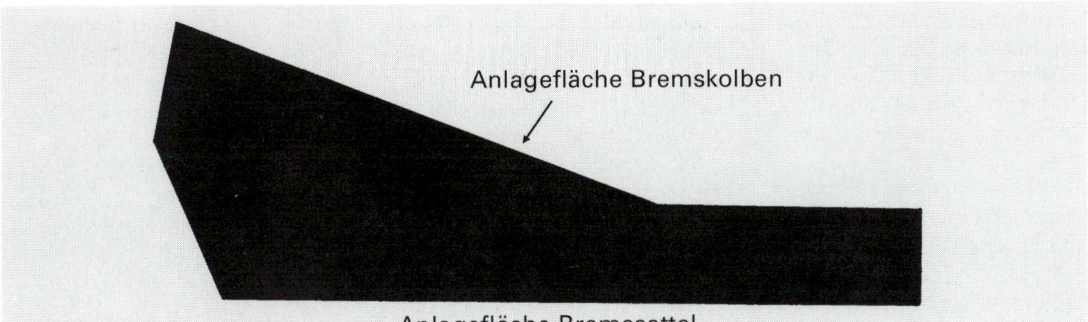

Abb. 9

Abb. 1

Abb. 2

Abb. 3

Abb. 4

Abb. 5

Abb. 6

Scheibenbremse mit Faustsattel

Faustsattel-Beläge werden immer mit Innensechskantschrauben gesichert. Zum Herausschrauben eventuell vorhandene Gummikappen abnehmen. Jetzt kann man das Zylindergehäuse, unter dem die Beläge stecken, nach oben abnehmen und die Beläge zur Seite wegnehmen. Wie bei Schwimmsattel-Bremsen beschrieben, Anlage reinigen, Scheibe überprüfen, Dichtheit des Zylinders sicherstellen.
Außerdem die Schutzkappe und den Klemmring im Sattel auf korrekten Sitz überprüfen. Sprödes, brüchiges Material oder beschädigte Kappen unbedingt erneuern.
Kolben mit einer Zwinge zurückpressen, dabei darauf achten, daß die Manschette

Abb. 7

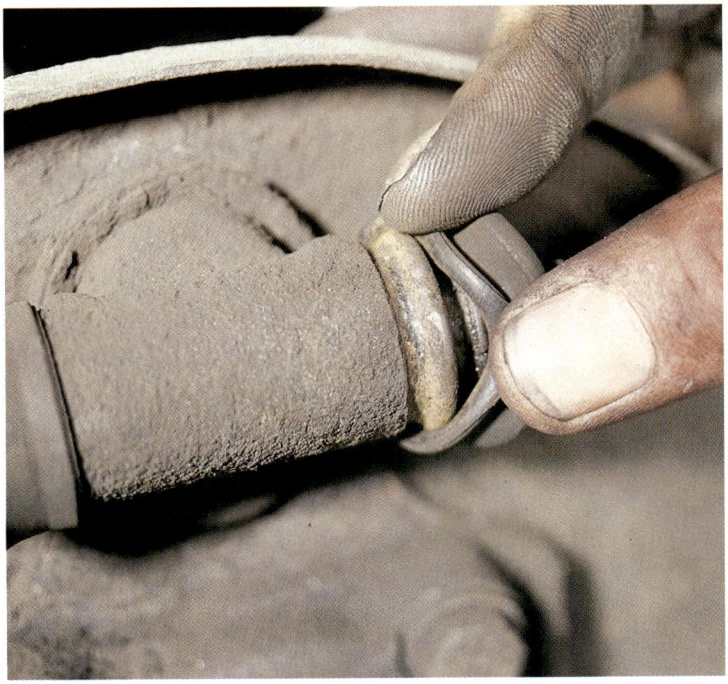

Abb. 8

Abb. 9

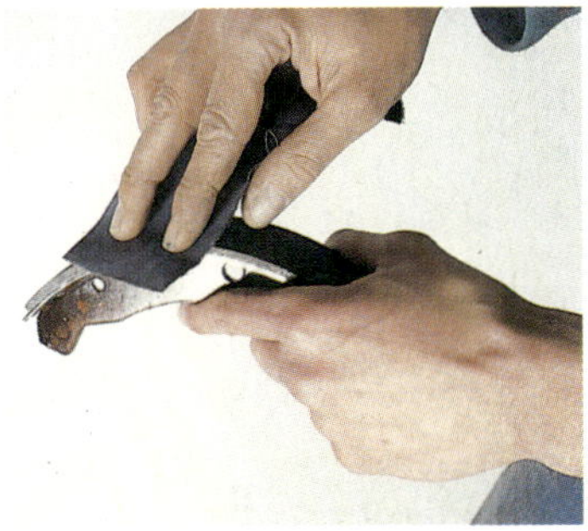

Abb. 10

nicht beschädigt wird. Ansonsten Fachwerkstatt aufsuchen. Beläge aufbringen, Zylindergehäuse aufsetzen und Führungsbolzen befestigen. Zuletzt Schutzkappen aufdrücken.

Trommelbremse

Zum Wechseln der Beläge werden zunächst auf beiden Seiten die Achsmuttern gelöst. Dazu eventuell vorhandene Nabenkappen mit einem Schraubendreher abwinkeln oder mit leichten Hammerschlägen lösen. Die Achsmutter kann mit einem Splint gesichert sein. Dieser wird mit einem Schraubendreher erst aufgebogen und dann ausgewinkelt **(1).** Die dahintersitzende Kronsicherung abziehen und die Achsmutter lösen **(2).** Damit dies möglich wird, muß die Handbremse angezogen sein. Die Achsmutter kann sehr fest sitzen; dann ein Rohr über die Schlüssel stekken, um die Hebelkraft zu vergrößern. Sollte die Handbremse diesem Druck nicht standhalten können, einen Helfer bitten, die Fußbremse voll durchzutreten. Nach dem Lösen der Mutter und dem Herausnehmen der dazugehörigen Druckscheibe das Fahrzeug aufbocken (siehe auch Seite 108).
Nun nimmt man – falls notwendig – die Bremsbeläge zurück, um die Trommel ausbauen zu können. Dazu wird entweder ein Ritzel, ein kleines Zahnrad, in der Bremse gelöst, indem durch ein Loch in der Ankerplatte mit einem Schraubendreher gewinkelt wird. Bei anderen Modellen muß mit einem Schraubendreher durch eine Bohrung der Radschraube ein Keil nach oben gedrückt werden. Dies ist aber nicht in jedem Fall notwendig. Normalerweise kann – bei gelöster Handbremse – das Rad samt der Trommel abgenommen werden **(3).** Geht dies trotz nachgelassener Bremsbeläge nicht ohne weiteres, Rad und Trommel unter gleichzeitiger Dreh- und Ziehbewegung lösen. Jetzt liegt die Bremse frei.
Gerade bei Trommelbremsen treten – wenn überhaupt – Schwierigkeiten beim Wiedereinsetzen der neu belegten Backen ein. Wenn beide Bremsen freigelegt sind, sollten Sie nur an einer arbeiten. So können Sie sich zwischendurch eventuell an der anderen über den Aufbau informieren. Aber den-

Abb. 11

ken Sie daran: Die Anordnung ist spiegelverkehrt.
Im ersten Schritt mit einer Spitzzange die waagerecht angeordneten Federn abnehmen **(4).** Dann die lotrechte Feder mit einem Schraubenzieher eindrücken und gleichzeitig drehen **(5).** Dadurch springt sie heraus.
Es können auch andere Feder- und Halteranordnungen vorliegen, statt der lotrechten Federn können beispielsweise kleine Federblättchen die Backen in Position halten, oder es kann gar ein Haltebügel über der Bremsanlage liegen. In allen Fällen aber können diese Spannhalterungen ohne Probleme gelöst werden. Wichtig: Merken Sie sich die Einbaupositionen. Falls Sie beim ersten Mal ganz sichergehen wollen, fertigen Sie eine grobe Skizze an oder nehmen Sie ein Polaroidfoto auf. Nach dem Entfernen der Halterungen und Federn können Sie die Bremsbacken von der Ankerplatte herunternehmen **(6).** In einer der Backen hängt jetzt nur noch das Handbremsseil, das einfach ausgehängt wird **(7).**
Im nächsten Arbeitsgang reinigen Sie die Ankerplatte mit einer Drahtbürste vom Abrieb. Eventuell können Sie dazu auch Reinigungsmittel – beispielsweise Waschbenzin – einsetzen, niemals aber fetthaltige Mittel verwenden. Da der feine Staub gesundheitsgefährdend ist, sollten Sie ihn auf keinen Fall unnötig aufwirbeln. Das Säubern der Bremsanlage mittels Druckluft kann deshalb nicht empfohlen werden.
Um den Radbremszylinder auf Dichtheit zu überprüfen, wird auf beiden Seiten die Staubschutzmanschette zurückgeschoben **(8).** Der Zylinder muß trocken und staubfrei sein. Tritt Flüssigkeit aus, den Zylinder unbedingt von einer Fachwerkstatt wechseln lassen. Nach der Überprüfung wird der Zylinder in eine mittige Stellung gebracht **(9).**
Zur Vorbereitung des Wiedereinbaus die neuen Beläge leicht anschleifen **(10)** und die Anlagepunkte der Stahlträger (!) mit fettfreier Bremspaste (und nichts anderem) einschmieren. Außerdem wird die gesamte Anlage gründlich gereinigt. Die Einstellschraube wird mit einem Tröpfchen Öl eingeschmiert (Vorsicht: Kein Öl auf die Beläge!), auf Gängigkeit überprüft und schließlich ganz eingedreht **(11).** Beim Reinigen auch die Trommel nicht vergessen. Diese gründlich mit der Drahtbürste säubern und die Auflagefläche mit Bremspaste einschmieren.
Jetzt die neuen Beläge einsetzen, indem man alle Ausbauschritte in umgekehrter Reihenfolge durchführt. Dabei darf nichts weggelassen werden, jede Feder und jeder Bügel muß exakt wieder so eingesetzt werden wie vor dem Ausbau. Kontrollieren Sie am Ende der Arbeit durch einen Vergleich mit der anderen Bremse, ob alles exakt an seinem Ort sitzt. Nach dieser Sichtprüfung richten Sie die neuen Backen noch einmal mittig aus, damit sich die Trommel problemlos aufsetzen und die Achsmutter festziehen läßt.
Zum Abschluß der Arbeit

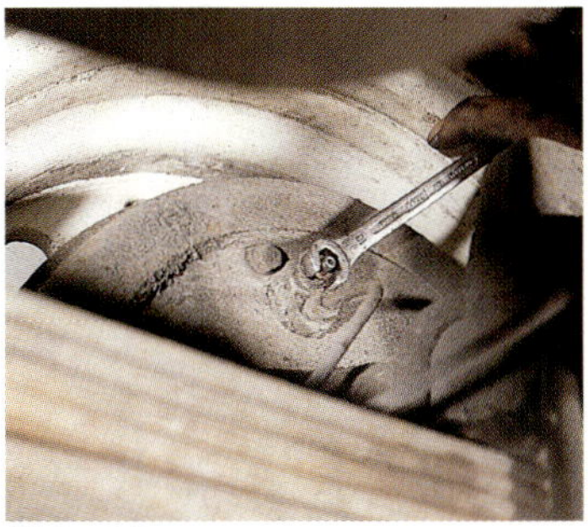

Abb. 12

Abb. 13

muß die Handbremse nachgestellt werden. Dazu die Abdeckung der Handbremse lösen (je nach Modell einfach abwinkeln oder Halterungsschrauben lösen). Darunter wird ein Gestänge oder ein Mechanismus sichtbar, an dessen Ende ein Seilzug durch eine Führung läuft. Diese Führung kann mit einer Mutter auf dem Gestänge nach vorn oder nach hinten geführt werden, so daß sich die Züge straffen oder lockern. Die Handbremse um drei bis vier Zähne (Rastereinstellung) anziehen. Dann die Einstellmutter so weit anziehen, daß sich die Reifen gerade noch mit Kraftaufwand bewegen lassen. Dann Handbremse gänzlich loslassen und überprüfen, ob die Räder freien Lauf haben. Andernfalls Einstellmutter wieder lockern. Sollte der Handbremszug über eine Kontermutter gesichert sein, diese festziehen. Eventuell Gestänge und Seilzug vor der Wiedermontage der Abdeckung leicht schmieren.

Sicherheitsprüfung nach dem Belagwechsel

Bevor Sie nach dem Belagwechsel losfahren, sollten Sie unbedingt die Einsatzbereitschaft der Bremsen testen. Zunächst überprüfen, ob genügend Bremsflüssigkeit vorhanden beziehungsweise der Deckel des Behälters geschlossen ist. Dann Bremspedal mehrmals kräftig durchtreten, bis der Druckpunkt wiederhergestellt ist. Erneut Stand der Bremsflüssigkeit überprüfen. Befindet sich zuviel Bremsflüssigkeit im Behälter (Pegel oberhalb der Maximalmarkierung), muß der Überschuß abgesaugt werden. Achtung: Bremsflüssigkeit ist giftig. Auf den ersten Kilometern Vollbremsungen (und auch sonst) vermeiden, denn die neuen Beläge müssen erst „eingefahren" werden. Die Bremsscheiben können Unebenheiten aufweisen, denen sich die Beläge zunächst anpassen müssen, um eine möglichst hohe Reibfläche zu erlangen.

Bremsen entlüften

Läßt die Bremswirkung nach, kann eine der Ursachen sein, daß Luft ins Bremssystem gelangt ist. Dann muß die Bremsanlage entlüftet werden. Eine Entlüftung ist auch nach jeder Arbeit an den Bremsleitungen oder den Bremszylindern erforderlich.
Zunächst Motorhaube öffnen, Verschlußkappe des Bremsflüssigkeitsbehälters aufschrauben und soviel Bremsflüssigkeit wie möglich einschütten.
Mit dem Entlüften derjenigen Bremse beginnen, die die längste Zuleitung besitzt, meistens hinten rechts, dann mit hinten links, vorne rechts und schließlich vorne links fortfahren.
Zum Entlüften wird ein preiswertes Flaschen- und Schlauchset angeboten. Zuerst an der Innenseite der Bremse Gummikappe vom jeweiligen Entlüfterventil abziehen und Plastikschlauch aufstecken. Das andere Ende des Schlauchs in einen Auffangbehälter führen, in dem sich bereits Bremsflüssigkeit befindet. Jetzt wird mit einem Spezialschlüssel, einem Gabelschlüssel SW 7, das Ventil geöffnet **(12).** Gleichzeitig tritt ein Helfer die Bremse voll durch. Dadurch schießt Bremsflüssigkeit – mit Luftblasen – in den Behälter **(13).** Tritt keine Bremsflüssigkeit mehr aus, Ventil schließen, Helfer neuen Druck durch mehrmaliges Treten des Bremspedals aufbauen lassen und wiederum bei getretenem Pedal Ventil öffnen. So lange entlüften, bis keine Luftblasen mehr austreten. Dabei darauf achten, daß der Bremsflüssigkeitsbehälter stets gefüllt bleibt. Nötigenfalls Bremsflüssigkeit nachgießen. Am Ende muß nach zwei- bis dreimaligem Treten des Pedals der Druckpunkt wieder ganz oben stehen.

ACHTUNG! WARNUNG!

Der Wechsel von Stoßdämpfern und Federbeinen sollte nur von Profi-Auto-Heimwerkern vorgenommen werden. Die mit dem Wechsel verbundenen Arbeiten berühren die Fahrsicherheit. Folgen Sie deshalb den Arbeitsanweisungen genau. Außerdem treten große Kräftespiele auf. Falscher Umgang mit der Feder oder den Federspannern kann lebensgefährlich sein. Deshalb generell der Hinweis: Lassen Sie diese Arbeiten besser von einer Fachwerkstatt ausführen.

Stoßdämpfer

Stoßdämpfer haben entscheidenden Einfluß auf Fahrsicherheit und Fahrkomfort. Ihre Aufgabe ist es, in jeder Fahrsituation den Wagen fest auf der Straße zu halten. Sie sind extremen Belastungen ausgesetzt: Das Hydrauliköl oder Gas im Inneren jagt mit gut 500 km/h durch die Ventile, die Temperatur steigt bis auf 150 Grad Celsius an, und der Druck beträgt bis zu 250 bar – gut das Hundertfache des Reifendrucks. Defekte oder verbrauchte Stoßdämpfer verlängern den Bremsweg um bis zu 20 Prozent. Kurven können nicht mehr so schnell und sicher angefahren werden wie mit neuen Stoßdämpfern, das Fahrzeug bricht in Extremsituationen wesentlich früher aus oder kommt leichter ins Schleudern. Schließlich nutzen sich Reifen schneller ab. Darüber hinaus strapazieren verbrauchte oder defekte Stoßdämpfer viele wichtige andere Fahrzeugteile, vor allem: Radaufhängungen, Federn, Reifen, Radlager, Lenkgetriebe, Kugelgelenke, Getriebe, Differential oder Kardangelenke. Die damit zusammenhängenden mittel- bis langfristigen Reparaturarbeiten werden weitaus teurer als ein rechtzeitiger Wechsel von verbrauchten Stoßdämpfern. Dennoch fährt jedes dritte Fahrzeug in Deutschland mit mindestens einem verbrauchten Stoßdämpfer.

Abb. 1

Ob die Stoßdämpfer erneuert werden müssen, zeigt sich im Fahralltag. Folgende Symptome weisen auf verbrauchte Stoßdämpfer hin:

- Auf unebener Fahrstrecke, beispielsweise Pflasterstein-Decken, wippt das Fahrzeug relativ stark, der Wagen neigt dazu, die Spur zu verlassen.
- Bei voller Zuladung oder Besetzung aller Sitze schlägt das Gummi am Ende des Federwegs hörbar und spürbar auf.

Abb. 2

Abb. 3

Abb. 4

- Im Vergleich zum Fahren mit intakten Stoßdämpfern ist ein deutlicher Unterschied im Fahrverhalten zu registrieren (Vergleichsfahrt mit gleichem Modell).

Ob der Stoßdämpfer gewechselt werden muß, kann zuverlässig nur ein spezieller Test in der Fachwerkstatt zeigen. Dort wird mittels eines Schocktesters die Leistungsfähigkeit der Stoßdämpfer geprüft.
Daß die Dämpfer gewechselt werden müssen, ist aber bei folgenden Erscheinungen sicher:

- Aus dem Stoßdämpfer tritt Öl aus.
- Reifen zeigen im Profil „Auswaschungen", das heißt ungleichmäßig stark abgefahrene Stellen, die gut sichtbar sind
- Beim Herunterdrücken der Karosserie oberhalb der Räder wippt das Fahrzeug stark nach.

Je nach Fahrzeugart und Fahrweise halten die Stoßdämpfer rund 80 000 Kilometer. Werden aber oft schlechte Wegstrecken zurückgelegt oder häufig Bordsteinkanten grob herunter- oder heraufgefahren, wird das Fahrzeug oft voll beladen oder sehr hart gefahren, ist die Lebensdauer weitaus geringer. Aus Sicherheitsgründen sollte deshalb die Leistung der Stoßdämpfer ab 50 000 Kilometer regelmäßig von einer Fachwerkstatt überprüft werden.
Je nach Fahrzeugtyp kann der Wechsel der Stoßdämpfer mehr oder weniger kompliziert sein. Auf jeden Fall benötigen Sie Spezialwerkzeug, allem voran die sogenannten Federspanner. Stoßdämpfer sind heute zumeist in Federbeine mit starken Schraubenfedern integriert. Diese Feder steht unter extremem Druck. Deshalb werden spezielle, hochwertige und vom TÜV freigegebene Spanner benötigt, um zunächst die Feder und dann den Stoßdämpfer auszubauen. Die Spanner sind relativ teuer.
In jedem Fall wird zunächst das gesamte Federbein ausgebaut und erst in einem zweiten Schritt der Stoßdämpfer. Der Ausbau des Federbeins kann sehr umfangreiche Vorarbeiten voraussetzen, so beispielsweise das Lösen der Antriebswellen.
In diesem Punkt kann das Bildbeispiel, aufgenom-

Abb. 5

Abb. 6

Abb. 7

men an einem Mazda 929, nur als Einzelbeispiel angesehen, nicht aber als exemplarisch betrachtet werden. Die Arbeiten am ausgebauten Federbein, das Spannen der Feder und das Ersetzen des Stoßdämpfers erfolgt allerdings bei den meisten Fahrzeugtypen in ähnlicher Form.
Grundsätzlich wird beim Ausbau eines Federbeins immer zunächst an der Radaufhängung gearbeitet und dann erst in einem zweiten Schritt das Federbein oben gelöst.
Zum Lösen des Federbeins unten müssen in der Regel zunächst alle Bremsteile gelöst werden, wie beispielsweise Führungen der Bremsleitung **(1)** oder der gesamte Bremssattel **(2)**. Unten ist das Federbein vor allem bei dem verbreiteten MacPherson-Federbein mit Bolzen und Mutter auf dem Querlenker festgeschraubt. Die Schraube lösen und dann das Federbein vom Querlenker mit einem Montiereisen abwinkeln **(3)**.
Damit liegt das Federbein unten frei. Nun müssen nur noch von oben die Halterungsmuttern im Motorraum gelöst werden **(4)**. Dann können Sie das Federbein nach unten herausziehen **(5)**.
Bevor Sie irgend etwas an dem Federbein verändern, losschrauben oder reinigen, muß die breite Schraubfeder mit den Federspannern gesichert werden.
Achtung: Beim Spannen der Feder sehr genau und gewissenhaft vorgehen. Optimal werden drei Federspanner angesetzt, aber keinesfalls nur einer. Die Spanner werden am oberen und unteren Ring der Feder angesetzt **(6)** und zunächst, ohne daß sie die Feder spannen, leicht angezogen **(7)**. Erst wenn alle drei Federspanner richtig in Position sitzen, die Spanner mit einem Schlüssel festziehen **(8)**. Dabei reihum vorgehen, also nicht den einen Spanner vollends anziehen und dann erst die weiteren anziehen, sondern jeden immer nur ein Stück. Die Feder ist gespannt, wenn die Federspanner sich nicht ohne Kraftaufwand weiter anziehen lassen.
Jetzt kann mit dem Ausbau des Stoßdämpfers begonnen werden. Dazu zunächst die obere Führung des Federbeins abschrauben **(9)** und dann den oberen Federteller demontieren **(10)**. Ohne jegli-

Abb. 8

Abb. 9

Abb. 10

chen Kraftaufwand kann jetzt die Feder herausgezogen werden **(11)**. Der Stoßdämpfer ist mit einer Gummimanschette gegen Verdrecken geschützt. Diese Gummimanschette jetzt abziehen **(12)**. Sie kann sehr fest sitzen, aber dennoch nicht an ihr reißen oder sie beschädigen. Ist die Schutzhülle eingerissen, sollte sie erneuert werden. Damit ist bei vielen Modellen der Stoßdämpfer ausgebaut. Bei einigen anderen allerdings müssen noch weitere Befestigungen am unteren Ende gelöst werden **(13)**.
Der Einbau des Stoßdämpfers erfolgt nun in entgegengesetzter Reihenfolge. Beim Aufziehen der Manschette **(14)** äußerst sorgsam vorgehen. Achtung beim Wiedereinsetzen der Feder: Sie

Abb. 11

Abb. 12

Abb. 13

Abb. 14

Abb. 15

paßt nur in einer einzigen Position in den unteren Teller. Für das Ende der Feder ist im Federteller eine Vertiefung vorgesehen **(15).**
Vor allem den oberen Federteller wieder äußerst fest aufziehen und die Spanner keinesfalls lösen, bevor nicht auch die obere Führung wieder montiert ist. Die Spanner dann nicht nacheinander, sondern parallel lösen. Schließlich wird das Federbein wieder eingesetzt.

Register

Die gut eingeführte DO-IT-YOURSELF-Reihe von FALKEN bietet Selbermachern praxisbezogenes Fachwissen. Fragen Sie Ihren Buchhändler.

Die Deutsche Bibliothek – CIP-Einheitsaufnahme

Typenunabhängige Autoreparaturen : Wartung, Karosseriearbeiten, Einbau von Zubehör / Karl Felden. – Niedernhausen/Ts. : Falken, 1991
(FALKEN, do it yourself)
ISBN 3-8068-1211-X
NE: Felden, Karl

ISBN 3 8068 1211 X

Titelbild: Christian Gebhardt, Pool Gesellschaft für Werbefotografie mbH, Griesheim
Fotos: Medien-Kommunikation, Iserlohn, Raphael Pehle;
Assistenz: Andreas Noll (für ihre Unterstützung bedanken sich Autor und Fotograf bei: Wolfgang Kordt, Stefan Lülling, Kai Abraham, Mediamarkt, Iserlohn, Autolackiererei Hesmert, Iserlohn)
Zeichnungen: Ulrike Hoffmann, Bodenheim (außer: Christof Gießler, München, S. 89)
Die Ratschläge in diesem Buch sind vom Autor und vom Verlag sorgfältig erwogen und geprüft, dennoch kann eine Garantie nicht übernommen werden. Eine Haftung des Autors bzw. des Verlags und seiner Beauftragten für Personen-, Sach- und Vermögensschäden ist ausgeschlossen.
Satz: Publishing 2000, Angela Fromm, Idstein
Druck: Zumbrink Druck GmbH, Bad Salzuflen

817 2635 4453 6271